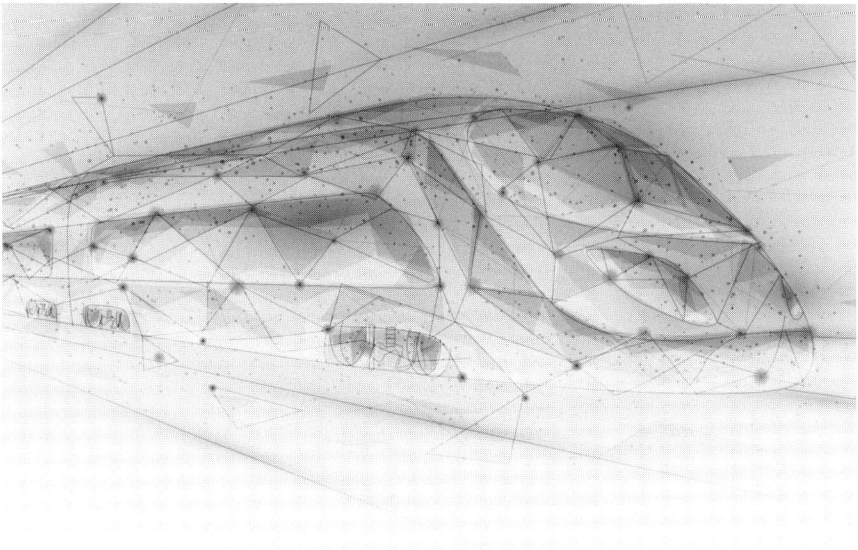

鉄道車両の
情報通信技術入門

【車両制御情報システムと国際規格】

電気学会・鉄道車両のICTに関する調査専門委員会［編］

Ohmsha

推薦のことば

感染症脅威の下での昨今のリモートワークと通勤の相互補完に見られるように，物理的な移動であるモビリティと情報通信技術（ICT）は，社会の大きな枠組みの中で代替性を見せつつある．一方，都市間および大都市周辺におけるモビリティの基幹を担う鉄道の円滑かつ効率よい運行のために，ICTは非常に重要な役割を果たしてきているが，その実態は，必ずしも公開されてこなかった．そこに焦点を当て，電気学会の「鉄道車両のICTに関する調査専門委員会」に集まった複数の専門家が，2年以上の歳月を費やして詳細に調査した．本書は，鉄道技術総合研究所車両部門出身の渡邉委員長のもと，一般の読者への情報公開，解説を意図し，左記の豊富な技術内容をまとめた圧巻である．是非，手に取って読み通していただきたい．

東京大学大学院工学系研究科教授
電気学会　交通・電気鉄道技術委員長
古関隆章

はじめに

今や情報通信技術の進展は世の中のあらゆる分野に及びつつあり，円滑で効率的な社会生活の向上に大きく貢献している．公共交通機関としての鉄道分野においても，より信頼性の高い運行の継続や利便性の向上を目指し，積極的な活用が図られてきている．

本書の主題である鉄道車両では，車載マイクロコンピュータ制御機器の導入と共にそれらを結ぶ通信技術が発展し，車両内のあらゆる機器がネットワークにより接続され，さまざまな情報が行き交い，列車の高機能化，高信頼化，乗客サービスの拡充を支えている．そこでは，列車伝送系 TCN（Train Communication Network）と呼ばれる車両搭載機器間のネットワークが鉄道車両システムの中枢神経として位置付けられ，現在の鉄道車両にとって，もはや不可欠の存在となっている．

このように TCN がさまざまな鉄道車両に搭載され，あらゆる機器・装置間を相互に接続して円滑な運用を継続できるようにするためには，その技術仕様の標準化が非常に重要な要素となっている．その標準化の中心的な役割を担ってきたのが，TCN の国際規格化である．

本書ではこうした経緯を踏まえ，鉄道車両の情報通信技術の基本原理とその発展，最新の応用事例，TCN の国際規格化，車両搭載技術について解説している．

以下に本書の基本構成を述べる．

第 1 章では，本解説書の前提として，電車列車の基本的な動作原理を簡潔にまとめた．

第 2 章では，鉄道車両制御の基本となる「引き通し電線方式」について，原理と課題をまとめた．

第 3 章では，鉄道車両の高性能，高機能化に対応した新しい制御方式の中核となる「直列データ伝送方式」について，その基本原理から最新方式に至る進展をまとめた．

第 4 章では，列車伝送系を活用した情報通信技術の具体的応用事例についてまとめた．

4.1 節では，鉄道車両の中枢機能である列車全体の制御および機器監視を行う車両制御情報システム TCMS（Train Control and Monitoring System）に

ついて，

4.2 節では，鉄道車両の情報通信技術の進展によって導入可能となった列車内の映像，音声データを扱う各サービスとそれらに適用されている技術について，

4.3 節では，新しい鉄道の保守体系として，従来の定期型保守体系から，リアルタイムの状態監視による保守を行う CBM（Condition Based Maintenance）について，

4.4 節では，情報通信技術を活用した新しい自動運転装置 ATO（Automatic Train Operation）について述べる．

第 5 章，**第 6 章**では，通信の相互接続のための標準体系となる TCN の国際規格化について，制定方法，制定経緯，規格内容の概要を述べる．

第 7 章，**第 8 章**では，TCN の代表的な適用例である TCMS を例にとり，鉄道車両用の情報通信システムを設計するにあたり必要となる技術的要素をまとめた．

第 9 章では，情報通信技術の進展に伴って新たな展開を見せる車上システムと地上側システムとの連携について述べる．

第 10 章では，今後増大するであろう鉄道車両用情報通信機器の国際調達に関して，課題と注意点についてまとめた．

なお，本書では列車の伝送技術について順を追って書かれているが，すでに電車の基本的な仕組みをご存じの方は，第 4 章の応用事例から読み始めてもよいであろう．

また，国際規格については，第 5 章からその基礎知識をはじめとして書かれているので，ぜひお読みいただきたい．

第 7 章以降は，より詳細な要素技術について書かれているが，より幅広い地上システムへの展開を第 9 章で述べている．

鉄道車両の情報通信技術に関しては，その実体がよく見えず，ともすればブラックボックスとして扱われがちである．そこで本書では原理にまで遡り，その基本から適用方法までをできるだけわかりやすく記述することを目指した．

今後，こうした分野に携わる方々のみならず，広く鉄道における情報通信技術の背景を知るための参考となれば幸いである．

2022 年 9 月

電気学会・鉄道車両の ICT に関する調査専門委員会

電気学会・鉄道車両のICTに関する調査専門委員会

委 員 長　渡邉　朝紀（交通安全環境研究所）

幹　　事　落合　　統（株式会社オリエンタルコンサルタンツグローバル）

委　　員　小田　篤史（株式会社日立製作所）

（五十音順）　鎌田　恵一（東芝インフラシステムズ株式会社）

星野健太郎（三菱電機株式会社）

本間　英寿（鉄道総合技術研究所）

執筆者一覧

（五十音順）

小田　篤史（株式会社日立製作所）	[4.3 節]
落合　　統（株式会社オリエンタルコンサルタンツグローバル）	[はじめに，1〜3 章，4 章，4.1 節（共著），4.4 節，5 章，5.1〜5.2 節（共著），5.3〜5.5 節，6〜9 章]
鎌田　恵一（東芝インフラシステムズ株式会社）	[4.1 節（共著）]
星野健太郎（三菱電機株式会社）	[4.2 節]
本間　英寿（鉄道総合技術研究所）	[2.5 節コラム，5.1〜5.2 節（共著），編集]
渡邉　朝紀（交通安全環境研究所）	[10 章，おわりに]

[委員会一覧，執筆者一覧とも，所属は委員会終了時．敬称略]

目　　次

コラム

第 1 章

電車列車の基本的な仕組み

本書の主題である鉄道車両の情報通信技術の前提として，はじめに日本の鉄道旅客輸送の大半を担っている電車列車の基本的仕組みについて，関連する部分を中心に簡単にまとめておきたい．

電車列車は，数 km から数百 km を中心とする中距離の旅客輸送手段としては最も効率的な大量輸送機関である．マイカーやタクシーは言うに及ばず，バスや航空機と比べてもその効率のよさはずば抜けている．例えば，10 両編成の通勤電車であれば，一度に 1 500 人以上を 15 km 離れた地点まで 15 分で輸送することが可能である．これは，乗用車 1 000 台分，バス 100 台分にも相当する．

これは電車列車特有の基本的な構成によるものであり，専用のレール上を 3 m×3 m×20 m 程度の箱型車体が 10 両ほども連なって一括制御され，そのほかの交通に妨げられることなく走行することで非常に高い輸送効率を実現している．

電車はその名の通り電気を動力源として用いており，英語では EMU（Electric Multiple Unit）というように，複数の車両が連結された電気動力分散式の編成構成となっている．電気を供給する電車線（架線，第 3 軌条）は日本では主に，新幹線が交流 25 000 V，在来線が交流 20 000 V，直流 1 500 V，直流 600 V，新交通では交流 750 V が用いられている．

列車は電車線からパンタグラフあるいは集電靴によって集電し，列車走行の動力源とするのみならず，補助電源装置によって降圧された安定化電源により，各種車載機器が動作している．

1.1　車載装置の構成

図 1.1 に電車列車の基本構造を示す．基本的に，車体，運転台，床下機器，台車で構成され，各機器は運転台からの指令に基づく引き通し電線によって制御されている．

ここでは，電車列車の基本的な搭載機器を，以降の説明の便宜上，大きく三つに分類している．

第 1 は，列車を走らせ，止める列車の駆動制御系で，これには**図 1.2** に示すように，パンタグラフ，VVVF（Variable Voltage Variable Frequency）インバータといった推進制御装置，モータ，制動のためのブレーキ装置，電動空気圧縮機，これらを操作するマスコン，ブレーキハンドルなどの運転台操作器，走行の安全を保つ ATS（Automatic Train Stop）や ATC（Automatic Train Control）などの列車保安装置がある．また，これらの機器のみならず，ほかの

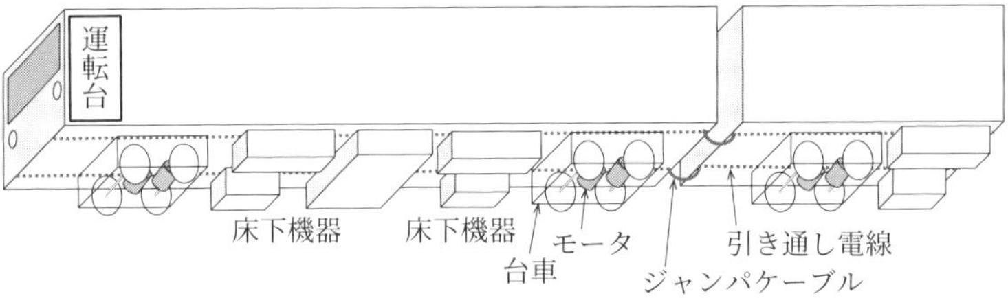

図 1.1　電車の基本構造

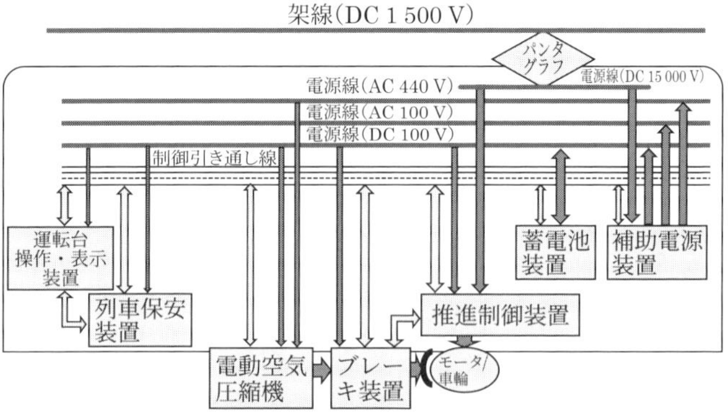

図 1.2　列車の駆動制御系

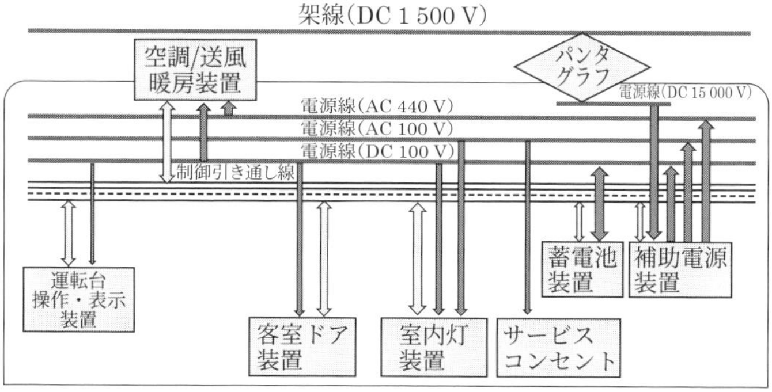

図 1.3 | 列車の乗客サービス系

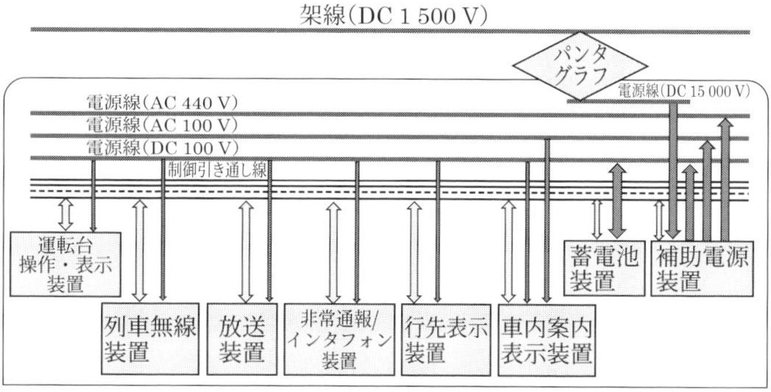

図 1.4 | 列車の情報・通信系

車載機器共通に電源を供給する SIV (Static Inverter) といった補助電源装置，蓄電池装置（バッテリ）などが搭載される．

第 2 は，乗客サービスのための機器で，**図 1.3** に示すように乗客乗降のためのドア装置，照明用の室内灯，快適性向上のための空調，送風，暖房装置などがある．

第 3 は，乗客への情報提供や通信関連のための機器で，**図 1.4** に示すように列車無線装置，放送装置，非常通報／インタフォン装置，行先表示装置，車内案内表示装置などがある．

1.2 電力供給

電車列車で使用される電源には，架線からの直接給電のほかに，補助電源装置およびバッテリより供給されるものがあり，日本では主に，三相交流（AC 440 V），単相交流（AC 100 V）および（バッテリで保持される）直流（DC 100 V）がある．

架線電圧電源は，推進制御装置（主回路），補助電源装置で用いられ，三相交流は空調，送風，電動空気圧縮機などで，単相交流は，室内灯，案内表示装置，サービスコンセントなどで，DC 100 V は架線停電時でも動作継続が必要な装置（列車無線，放送，非常通報／インタフォン，非常灯など）のほか，ほとんどすべての装置の制御用電源，さらに制御指令線の電源としても用いられる．

これら車載装置の電源系統と制御指令の一般的な構成を**図 1.5** に示す．大きくは負荷駆動用の電源供給（架線電圧（DC 1 500 V），AC 440 V，AC 100 V，DC 100 V）と，負荷駆動を制御する制御用電源供給（DC 100 V）に分けられ，さらに制御指令を伝達するための制御指令系がある．

次に，各装置の制御系内部では，他機器とのインタフェースやセンサ電源としてDC 24 V 電源が，マイコンなどの電子回路用にDC 5 V 電源が，DC 100 V 電源とは絶縁して生成されている．DC 100 V 電源は車体アースと共通化され

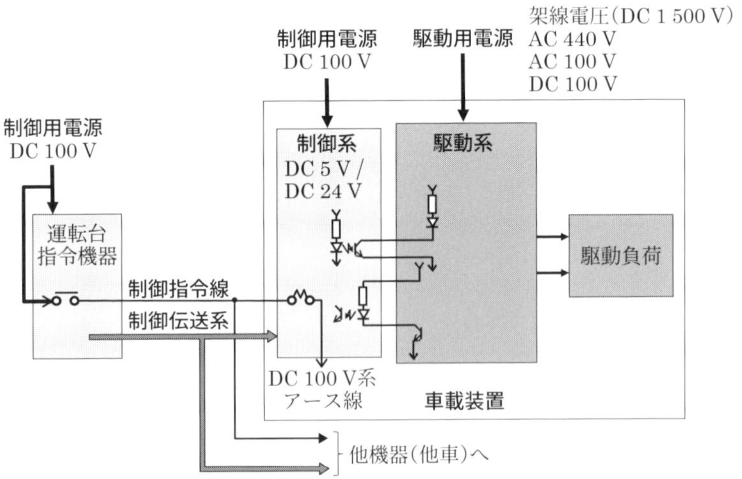

図 1.5 車載装置の電源系統と制御指令

ており，電磁弁や電磁接触器などのノイズ源とも接続されているかなり「ダーティ」な線であり，これからのノイズ伝搬を避けるため，装置内部のDC 24 VおよびDC 5 V系回路は外部のDC 100 V系回路とは完全に絶縁しておくことが必要である．

従来，列車内共通（引き通し）の制御用電源系としてはDC 100 Vバッテリ電源系しか存在していなかった．鉄道車両用の情報通信機器の普及拡大に伴い，「ダーティ」なDC 100 V電源とは別に，これと絶縁された「クリーン」なDC 24 V系の情報通信機器用共通電源への要求が高まってきている．欧州ではすでに採用が始まっており，日本でも徐々に普及していくと見込まれている．

1.3 列車の制御

列車は，線路という限られた経路上を，一般に複数の車両を連結した形で運行するという特徴を持ち，これが大量安定輸送の源泉ともなっている．列車はさまざまな編成形態をとるが，基本的にはいずれも先頭の運転台からの運転操作により編成全体として一括制御されている．このように編成構成や両数によらず列車を一括して制御することを目的として生まれたのが，いわゆる列車引き通し電線制御方式（以下，引き通し電線方式）である．

引き通し電線方式は，列車全長にわたり車両間を引き通された各制御指令線への制御電源電圧の印加を，制御指令の伝達手段として（場合により，電磁弁や電磁接触器などを駆動する電力供給を兼ねて）用いる方式である．この指令線に並列接続された各車の制御対象機器が，指令値に基づき一括制御される．このように，引き通し電線方式はシンプルに構成できるため，頑強で信頼性が高いものではあるが，引き通し電線1本当たりでは，一般的に加圧・非加圧の2値しかとらない低密度な情報伝達手段とならざるを得ない．

第2章

引き通し電線方式

数両から十数両に及ぶ電車列車は，動力分散された編成全体を一括制御する必要があることから，いわゆる引き通し電線方式によって制御されている．本章では，その基本的な仕組みについて述べる．

2.1 引き通し電線方式の仕組み

引き通し電線方式による列車機器制御の基本的な仕組みを**図 2.1** に示す．引き通し電線方式は，列車の運転操作などの制御操作に伴うリレーやカムの接点出力を引き通し電線に伝え，この加圧／非加圧信号によって編成内で直接接続された対象機器を制御する方式である．例えば運転台においてマスコン（力行ハンドル）を操作すると，マスコンのノッチ操作位置に応じて順次隣り合った引き通し線に電圧が加圧されていく．引き通し電線に接続された各車の推進制御装置は各

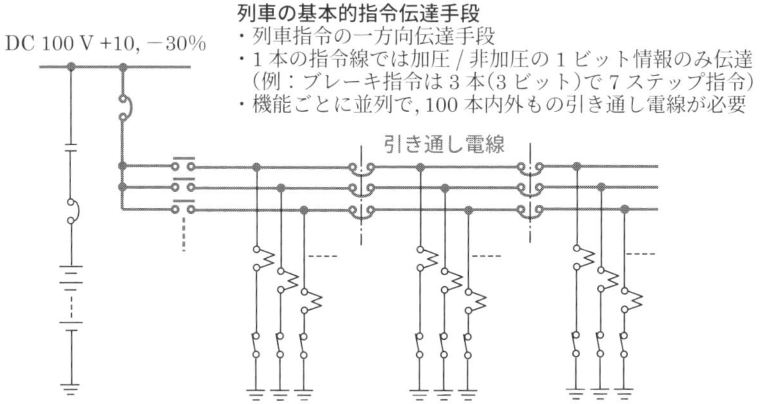

図 2.1 制御指令系の引き通し電線方式

引き通し線の信号状態を入力し，この指令値に応じてモータ駆動による列車推進制御を行っていくことになる．

こうした列車引き通し制御用の電源系としては，基本的には無停電電源となるDCバッテリ電源を用いている．これは，架線給電が停電しても一定時間バッテリからの給電が可能となり，架線電圧の変動や瞬断の影響を直接受けず，安定して制御指令を伝達するための不可欠な条件となっている．日本では，主に電気車がDC 100 V系，気動車ではDC 24 V系を使用している．また，欧州を中心とする海外では，DC 110 Vのバッテリ電源系が標準的に用いられている．

列車は一次元（線上）に連なり，多様な編成構成や両数がある中で，引き通し電線はその名の通り列車全長にわたって引き通されているため，すべての車両において同時一律に信号を受けて取り出すことが可能となる．すなわち，共通の信号を一律に与えられるという点で，列車制御には適した方式である．

2.2 多値指令のコード化

引き通し電線方式では，機能ごとに独立した引き通し電線を用いるため，列車全体では多数の電線が必要となる．また，1機能当たり多値の指令を持つ場合があり，さらに必要電線本数が増える．例えばブレーキ指令のように「緩め，1～7ステップ」といった多段の指令であれば，これを区別するために最大7本の指令線が必要となるが，使用効率が悪い．そこで指令値のコード化が用いられる．ブレーキ指令の0から7までの8値の指令値であれば，3ビットの2進数によりこれを区別できる．各ビットを電線に割り振れば，引き通し本数を7本から3本に削減することが可能となる．

これは，**図2.2**に示す「多段式中継弁」のように，弁圧力が，1倍，2倍，4倍の組合せとなるとわかりやすい．すなわち各段に重みづけが行われており，合計のブレーキ力が2進コードと同じだからである．

ただし，引き通し電線方式は，ブレーキハンドルのカム接点によって引き通し電線を順次加圧する機械的方式であるため，そのまま2進コードを用いたのでは問題が発生することがある．例えば，**図2.3**（a）に示すように，カム山の凹凸で接点を入り切りする方式であれば，2進コードで，3ステップから4ステップに移行する中間位置では，011から100への移行となり，3ビットすべての

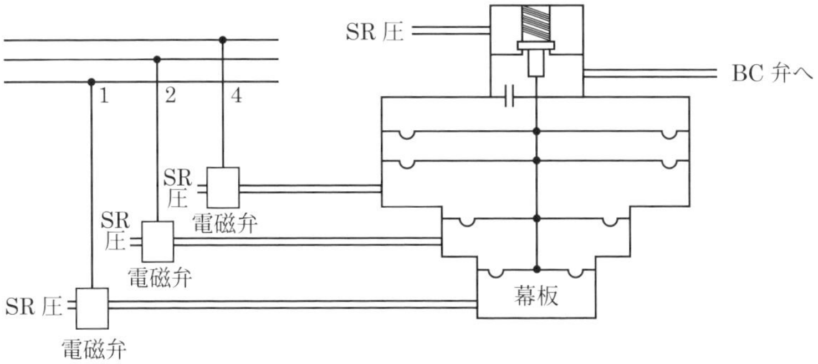

図 2.2 ｜多段式中継弁

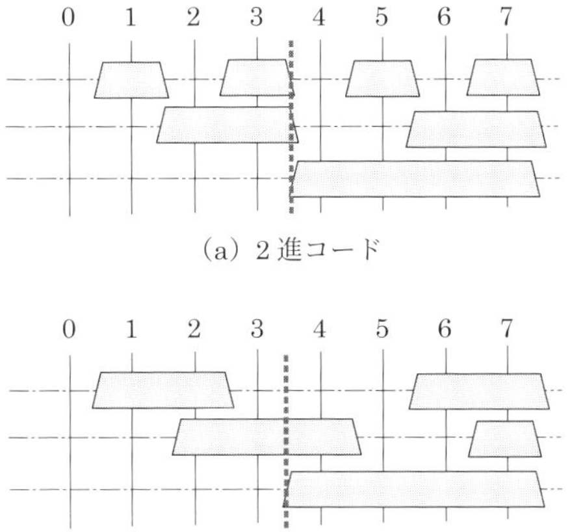

（a）2 進コード

（b）交番 2 進コード

図 2.3 ｜ブレーキハンドルのカム構成

ビット値が反転するため，過渡的には各接点の入り切りのタイミングによっては 000〜111 までのすべての値をとってしまう可能性があり得る.

その対策として，微妙なステップ間移行ハンドル位置であっても極力間違った指令値の出力を避けるために，すべての隣接するブレーキステップ間では一度に 1 ビットしか変化しない「交番 2 進コード」を使用している（図 2.3（b）参照）．代表的な交番 2 進コードとしてはグレイコードがあるが，ブレーキハンドルでは第 7 ステップを 111 とするためこれとは順番を変えたものを割り当てている[*1].

こうした方法は，一般的な回転位置センサである「ロータリーエンコーダ」においても同様であり，連続的な回転位置を検出するにあたり，どのような任意の位置であっても正しいコード値が得られるように，グレイコードを用いている．例えば，「電子マスコン」の操作位置検知もこうしたグレイコード出力を持つロータリーエンコーダを用いている．

ただし，このようにブレーキハンドルのカム出力値と引き通しブレーキ指令コードが異なる場合は，その中間に機械式ではなく電子式の「ブレーキ指令変換器」を設けてコード変換を行っている．

また，現行のブレーキハンドルのノッチパターンでは，高速化によるブレーキ力強化のため8ステップ相当のカムおよび引き通し線を1本追加し，4本で8ステップを「1111」とした上で，従来の1ステップ相当は使用せず，2～8ステップを1ステップずらして1～7ステップに読み替えたものもあるといったように変遷してきており，上記のコードとは若干異なっているものがある．

これに対し，力行指令では，惰行と1～4ノッチの指令に対し4本の指令線を順次加圧していく方式が基本であり，コード化しても最低3本が必要で，信頼性と効率のバランスを考慮している．

ただし，新幹線車両においては高速化に伴い，力行13ノッチが必要となった際も，コード化はせずそのまま順次加圧の方式を引き継ぎ，13本の引き通し電線を使用している．ブレーキ指令線も同様に7ステップまでを7本の指令線の順次加圧としている．しかし，ここでも後述の制御指令の直列伝送化が進み，引き通し電線本数の削減が図られている．

2.3 制御指令が主体

低圧引き通し電線の用途はそのほとんどが機器制御用の指令線であり，運転台から各機器への一方通行であればよい．

これに対し，各個別機器からの状態情報（正常／故障など）を運転台で表示させようとすれば，例えば10両編成で各車両に装備されている個別機器から単に1ビット状態情報の取得であっても，個別表示しようとすれば10本の引き通し電線が必要となり，たちどころに引き通し線本数が増えてしまうことになる．し

＊1　グレイコード（3ビット）のコード順は「000-001-011-010-110-111-101-100」であるが，実際のブレーキハンドルのカム順序は，第7ステップを111とした「000-001-011-010-110-100-101-111」の順としている．

たがって，状態監視表示用といったような用途に引き通し電線を用いるのは効率が悪く，不適切である．このため状態情報用の引き通し線は，扉全閉表示灯信号（運転台パイロットランプ）のように，列車全体でも接点の直列信号として扱うことが可能で，引き通し電線本数が 1 本で済むようなものに限られる．

2.4 引き通し電線の課題

引き通し電線を用いた制御指令の対象は，運転台からの操作により列車内で一括制御が必要なほぼすべての車載機器に及ぶ．例えば，バッテリ入切，パンタグラフ上昇／下降，空気圧縮機電源，補助電源，力行／ブレーキ指令，扉開閉，室内灯，空調，暖房，行き先表示（方向幕）など，多岐にわたる．

結果として百数十本の低圧引き通し電線が列車全長にわたり敷設されているだけでなく，各車両内の配電箱から個別対象機器まで分岐して配線される．そのため，これら電線の総配線長，重量，配線工数は膨大なものとなる．

一般的に日本では，列車全長間の低圧引き通し電線は断面 2 mm^2 の撚《よ》り銅線を使用しており，ここから配電箱を介して各装置へは断面 1.25 mm^2 などのやや細い電線で分配している例が多い．そこで，多数の引き通し電線を少数の直列データ伝送線に置き換えることが進められている（**図 2.4** 参照）．

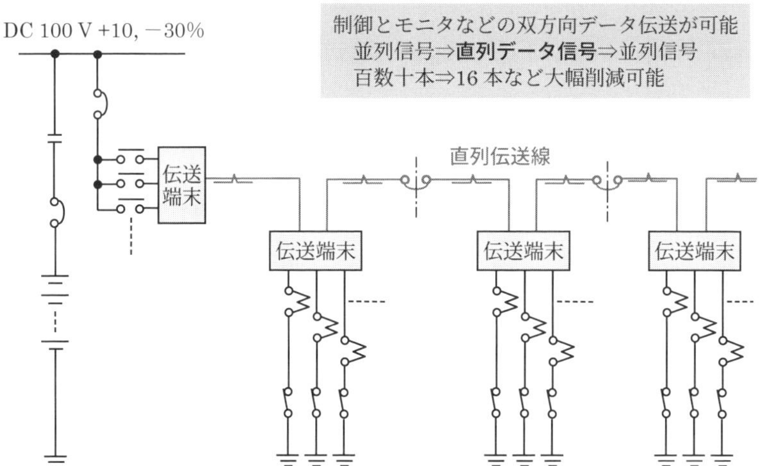

図 2.4 ｜ 直列データ伝送による制御指令系配線の低減

以降で示すように，これにより艤《ぎ》装配線の減少のみならず，列車の高機能化にも大きく貢献することになった．

2.5 引き通し電線方式の必要性

次章で述べるように，車載機器間のネットワーク接続が大きく進んできてはいるが，今後すべてがこれに置き換わってしまうことはないと考えられる．元来，引き通し電線方式は，シンプルで信頼性が高いといった特質を持っている．こうした機能を必要とする用途では，これまで通り引き通し線による制御がそのまま残されることになる．

例えば，列車の「非常ブレーキ」回路は，指令回路自身がフェールセーフに構成されており，回路中の一部でも断線や接触不良などで非加圧状態となれば，直ちに非常ブレーキが動作するように構成されている．ここまで信頼性の高いフェールセーフ性を列車伝送系のみで実現するのは容易ではない．常用ブレーキに対するバックアップ系としても，引き通し線による非常ブレーキ回路はそのまま残されるのが一般的である．

また近年，列車伝送系指令による電気式ドアの普及が進みつつあるが，安全性の見地からドア開指令の条件に用いられる「停止検知」信号（例えば，列車速度が 3 km/h 以下になると加圧される）は，引き通し電線として残しているものがある．この信号線が加圧されなければドア開が行えない，といったインターロックとしての使い方がされている．

同様に，引き通し線による全ドア閉信号が出なければ，力行指令が出せないといったインターロック用途にも残されている．

コラム｜「オール伝送化」でも必要な引き通し線は？

通勤・近郊型電車において，「オール伝送化」を掲げて列車内ネットワークの伝送能力をバージョンアップし，（すでに力行／ブレーキ指令や空調などのサービス機器指令を伝送化していた）従来の引き通し線 80 本を，さらに 14 本まで削減した以下の事例が参考になる．

(1) 伝送化した引き通し線（66 本）

制御電源線　　コンプレッサ同期指令線

パンタ上下指令線　　バッテリ切指令線

ドア開閉指令線　　電圧・電流計用指令線

車内案内表示器用伝送線　　放送・連絡用音声線

非常警報器用指令線　　ブレーキ不足検知

ブレーキ遅れ込め指令

(2) 残した引き通し線（14 本）

DC 100 V 電源線　　1 本

非常ブレーキ指令線　　4 本

直通予備ブレーキ指令線　　1 本

パイロットランプ用指令線　　1 本

戸閉保安用指令線　　3 本

列車内ネットワーク伝送線　　4 本

なお，DC 100 V 電源線は，運転中の切り操作で，主回路の緊急遮断（Emergency trip）指令機能も兼ねる．伝送線を除く引き通し線（10 本）はすべて安全にかかわり，伝送系とは独立に，また伝送系による指令に優先（override）する回路構成としている．

第3章

直列データ伝送方式

列車に要求されるサービスや機能レベルは高度化の一途を辿り，従来の制御方式による引き通し電線の増設のみでは対応が困難になってきた．

例えば空調装置であれば，強冷，弱冷，除湿，送風，暖房など多様な運転モードがあり，車両ごとの温度設定も必要である．さらに，各車の温度，湿度や装置の状態（エアフィルタ，故障）などの状態情報も必要となる．これらの機能をフルに発揮させるためには，指令設定部と空調装置との間で情報の双方向伝達手段が必要となる．

そこで，こうした限界に対処するため近年，急速に列車への導入が進みつつあるのが「**列車伝送系**（Train Communication Network：**TCN**）」である．列車伝送系は，列車内を行き交う情報を，直列伝送路となる高速デジタル信号回線を用いた通信によって円滑に伝達し，列車をシステマティックに動作させるためのキーテクノロジーとなっている．列車の制御方式を，よりインテリジェントな方式を用いて見直すことで，機能の多様化，高度化ばかりでなく，艤装配線の大幅削減による軽量化，省エネルギー化など多くのメリットをもたらすと期待できる．

引き通し電線方式は加圧側から受け側への一方通行の伝達手段であったのに対し，直列伝送は任意の端末間の双方向データ通信が可能となる．これにより，アクティブな相互確認処理による高機能で信頼性の高い情報処理が可能となる．

本章では，車上機器間で必要となるデータ伝送の基本原理と，最新方式に至る性能，機能向上の進展について述べる．

3.1 伝送回路の絶縁方式

DC 100 V 引き通し電線を利用しても，通信技術の極初期に行われたモールス符号による電文送信が可能である．しかしながら，DC 100 V 電線の高頻度のオンオフ動作は強烈なノイズ発生源となり，ほかの車載機器の誤動作を容易に招くことになりかねない．そのため，装置間を結ぶ伝送回路は互いの装置と絶縁された回線とし，装置間および周辺機器に不要な影響を及ぼさないようにしておく必要がある．

(1) 20 mA カレントループ

最初に車載機器間の通信に標準として用いられたのは，DC 100 V 系とは独立した 24 V 電源を用いた「フォトカプラ絶縁」方式である．これは，マイコン論理回路の DC 5 V 系からフォトカプラで絶縁して信号送信し，対象機器側で同様に再度絶縁して DC 5 V 系に戻すものである．これにより装置間が完全に絶縁されて，電位の影響を受けることなく独立したデータ伝送が行えるようになる．最初に標準化されたものは，フォトカプラのオン時に制限抵抗により 20 mA を流すというもので，「20 mA カレントループ」方式と呼ばれている（**図 3.1** 参照）．

ただし，この方式は DC 24 V 回路の耐圧を持ったフォトカプラの応答速度が低いといった制約から伝送速度の高速化に限界があり，1 200 bps[*1] や

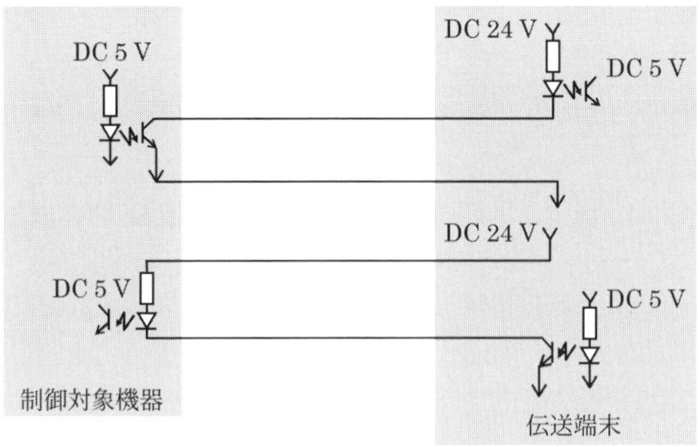

図 3.1 ｜ 20 mA カレントループ

9 600 bps といった低速のものが大半であった．

(2) 絶縁型 RS485 トランシーバ

次に標準として使用されたものは，フォトカプラ絶縁を内蔵させた RS485 用トランシーバ（ドライバ／レシーバ）デバイスによるものである．これであれば，絶縁した上で 1 Mbps 程度の伝送速度が容易に実現でき，マルチドロップ接続によるネットワーク構成にも対応し，後述のイーサネット登場までは最も標準的な機器間伝送絶縁回路方式となった（**図 3.2** 参照）．RS485 では，より高速化が可能なことから基本的には伝送フレームとして次節の HDLC 方式を用いている．

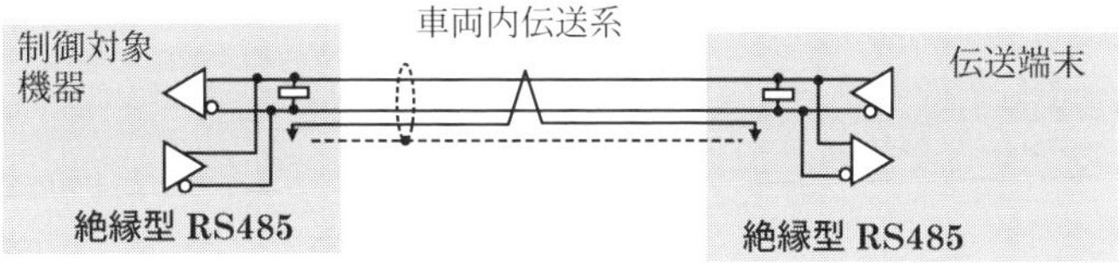

図 3.2 ｜絶縁型 RS485

(3) トランス絶縁

フォトカプラ絶縁方式では応答速度が問題となり高速化に限界があるのに対し，100 Mbps とさらに高速なイーサネットでは，信号をパルス符号化（交流信号化）し，トランスにより絶縁する方法を用いている．トランスは高周波化するほど小形化ができる受動素子であるため容易に高速伝送に対応できることになる．

コラム｜伝送速度

伝送速度を表す指標には，一般的に bps が用いられるが，通信の世界ではこれと間違いやすいボー（baud）という変調レートが用いられることがある．列車伝送系のような有線伝送では，データの 2 進符号を直接信号線の値として用いることも可能であるが，無線伝送ではいったん高い周波数の搬送波にデータを載せる必要があるものもある．搬送波を変調することで，搬送波にデータを載せて送受信を行う．

＊1　bps（bit per second）：毎秒送信ビット数

また，有線方式であっても，厳しいノイズ環境では搬送波を用い，フィルタリングを行うことでノイズ成分を除去する目的で用いられることがある．この変調を1秒当たり何回行っているかを示すのがボーである．

FSK（Frequency Shift Keying）方式のように，変調速度と伝送速度が同一の場合もあるが，16 QAM（Quadrature Amplitude Modulation）方式のように，1回変調するごとに16状態の一つに変化する方式があり，この場合，1回の変調で4ビット分の情報を送れることになる．1 200ボーで各16値に変調されるのであれば，結果として4 800 bpsとなる．したがって，bpsとボーの数値は必ずしも一致しない．

3.2 伝送方式の進化

離れた装置間で直列データのやり取りを行う際には，データのまとまりを識別できる単位で送受信を行う．このひとまとまりのデータの単位を「伝送フレーム」と呼ぶ．

伝送速度が遅かった当時は，いったん伝送エラーが発生すると再送を余儀なくされ，あまり長い伝送フレームであると伝送効率が低下するため，比較的短い伝送フレームとせざるを得なかった．しかし，伝送速度が向上し，伝送誤り率が低下すると共に，より高機能で効率的な伝送フレームの方式が採用されてきた．

データの伝送を行う際に，最も基本的な要件である正確なデータ値取得の条件として，データサンプリングのタイミングがある．基本的な方法に，データサンプリング用の同期クロック信号をデータ伝送回路とは別系統で備え，データサンプリング時にこのクロックを用いてデータの復元を行う方式がある．この方式によれば，送受信間で直接同期をとることができる．

例えば，装置内のマイコンバスでは，並列のデータバス（データ幅は8～64ビットなど）信号のほかに，データサンプリングのための同期クロック信号が設けられている（**図3.3**参照）．アドレスバスにより当該のアドレス先を指定し，そのアドレスに対応したデータの読み書きを行う．読み書きの方向は，制御信号で示され，データバス上に載ったデータのサンプリングタイミングを同期クロックが示している．

しかし，一般に直列データ伝送には双方向の一対の伝送線のみを用いることが

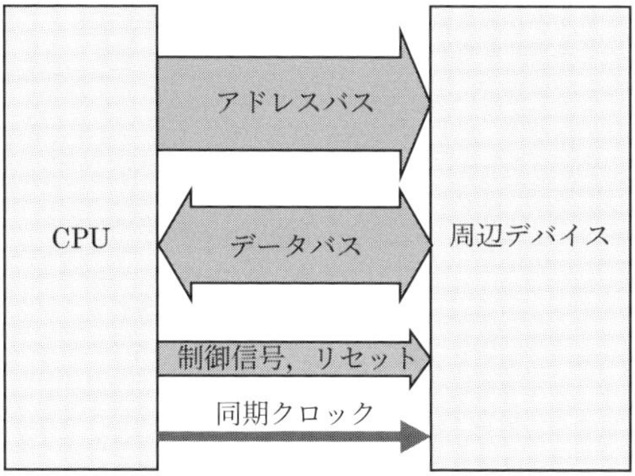

図 3.3　マイコンバスの構成

大半であり，この場合は伝送線にデータ信号とクロック信号を重畳させて送る必要がある．

(1) 調歩同期方式

日本における最も初期の車両内伝送系としては，機器間伝送インタフェースに 20 mA カレントループを用いた「調歩同期式」が採用された．これは，初期の PC で標準装備されていた RS232C のシリアルポートを，機器間絶縁を確保するために，20 mA カレントループに置き換えたものである．

ここで用いられている調歩同期式の信号波形を**図 3.4** に示す．信号の立下りエッジをトリガとし，スタートビット，8 ビットデータ，パリティビット，ストップビットの 11 ビットを 1 フレームとしてデータを送受信する．そのため 1

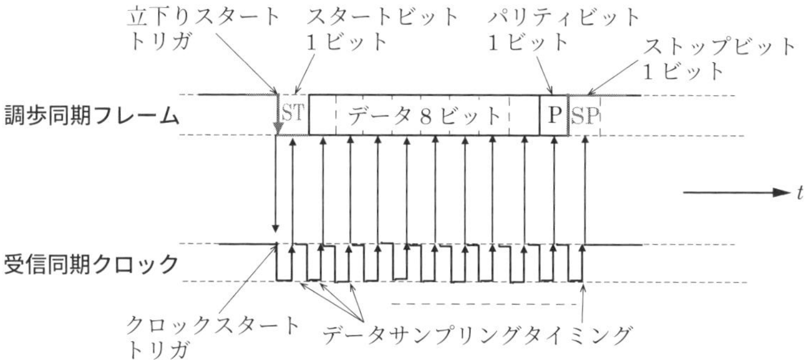

図 3.4　調歩同期フレームと同期クロック

フレーム（データ部 8 ビット）受信ごとに同期を取り直すことになる．簡易な方式であるため，待ち受け状態では，不当な立下りエッジを検出してしまえば勝手にサンプリングを開始してしまう．これが不当なデータか否かは，パリティビットで判定する．

調歩同期方式では，あらかじめビット長が定められており，立下りエッジを起点として，ビット長の中間点でデータサンプリングを行う．送受信間のサンプリングクロックの誤差により次第にずれが拡大していくが，せいぜい 11 ビット分をサンプリングした後は再度スタートビットにより同期の取り直しとなるため，さほどのクロック精度は要求されない．

この方式では，一度に 1 文字（8 ビット）ずつを送ることになり，これをまとまった文章とするためには，**図 3.5** に示すように文章の開始として STX（Start of Text）を用い，終了には ETX（End of Text）の特定コードを用いるのが一般的である．

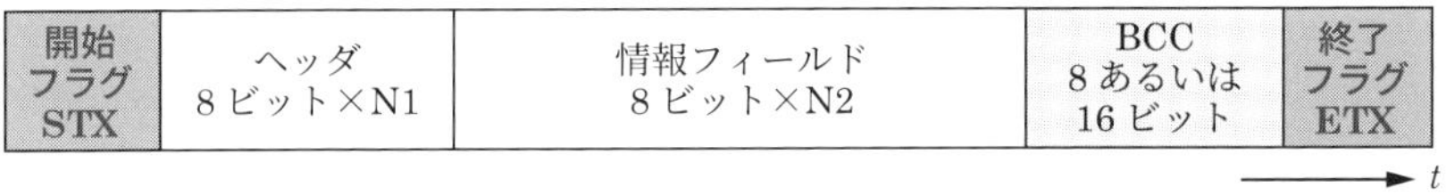

図 3.5 ｜調歩同期によるテキスト構成

STX に続けて，電文種別や電文長，宛先，送信元などのヘッダを付け，データ電文を続ける．また，1 文章ごとに ETX の直前に 1 バイトのチェックサムデータ（BCC）を付加し，文章全体の誤りチェックを行っている．さらに誤り検知能力を高めたい場合には，2 バイトのチェックサムチェックを行うことがある．このような電文形式はそれぞれの伝送アプリケーションごとに定めることになる．

この方式では基本的に 1 対 1 接続であり，相手が決まっていることから特に機器アドレスを指定する必要はない．伝送速度は，カレントループ方式の制約から 1 200 bps や 9 600 bps といった低速のものが大半であった．本格的な伝送手段を持たない機器においても容易に直列伝送が実現できる方式として普及していた．

(2) HDLC 方式

調歩同期方式は，8 ビットデータを送るのに 11 ビットが必要で，さらに文字間を空ければより伝送時間が掛かる．大量のデータを送ろうとすれば，かなり伝送効率が悪い手段である．そこで，任意の必要なデータ電文長を，間を空けることなく連続して伝送でき，誤り検知能力も大きく向上させた車載用データ伝送方式として HDLC（High level Data Link Control procedure）方式が登場してきた．多数の装置がリアルタイムに列車全体の情報を共有する高機能な列車モニタリング装置など，効率的な伝送手段が求められるシステムでは最初から HDLC 伝送方式を用いていた．

(a) ビット同期方式

HDLC は，すべてのデータビットの変化位置で同期を取り直すため，「ビット同期」方式と呼ばれている．そのために，DPLL（Digital Phase Locked Loop）回路を用いることで素早く同期を確保し，いったん同期が確保されれば，1 回のビット反転位置ではわずかしか位置補正を行わないため，ノイズなどの不当なエッジの挿入があっても容易には同期点が狂わない．これにより，どんなに電文長が長くなっても同期位置を継続して確保できるようになる．

HDLC では，非同期に送られてくるフレームごとの同期取得を確実に確保するため，フレーム開始の直前にプリアンブルという 16 ビットの 1，0 交互パターンを持った同期用信号を付加している．最大エッジ変化量を持つプリアンブルにより確実な同期合わせを行った後に，最初の有効データ（フラグパターン）が受信できるようにしてある．

さらに，元のデータをマンチェスター符号化（**図 3.6** 参照）することで，パルス状の信号を生成し，より確実に同期が確保できるようにしているものもある．

図 3.6 ｜マンチェスター符号化

(b) フレーム構造

HDLCの基本フレームを**図3.7**に示す．ここで，開始フラグは01111110の特定パターンとし，これは終了フラグに至るまでは出現しないようにしてあり，データ部分とは識別される．そのために，「ゼロインサーション」という操作が行われている．これは送信側で，データ部に1が連続して5回続いた場合には強制的に0を1ビット分挿入するものである．受信側では1が連続して5回続いた後の0を省いてデータを復号する．これにより，1が連続して6回続くのはフラグパターンのみとなる．さらに，データが0のときには極性を変化せず，1のときに極性を反転させるNRZI（Non Return to Zero Inverted）とすることにより積極的にエッジを付加することも行われている．

開始フラグに続いて，アドレス部8ビットと制御部8ビットの後に任意のビット長でデータ部を付加する．アドレス体系として，基本的に8ビットのアドレスコードを持っており，これにより255個の機器アドレスを持たせることができる．一般的に車載機器であれば，これで十分に区別して対応することが可能である．必要であれば，拡張して2バイトのアドレス空間とすることも可能である．

データ部に続いて，誤り検出のためのFCS（Frame Check Sequence）16ビットと終了フラグで閉じられる．

FCSは，商の余りを結果とするCRC（Cyclic Redundancy Check）を用いており，生成多項式は$X^{16}+X^{12}+X^{5}+1$と定められている（FCS-16，CRC-ITU-T，CRC-CCITTとも呼ばれる方法）．

このようにHDLCではデータ部を任意の長さにでき，連続して送出できることから効率がよく，FCSにより通信路で発生しやすいバースト誤りにも効果的に対応することができるようになっている．

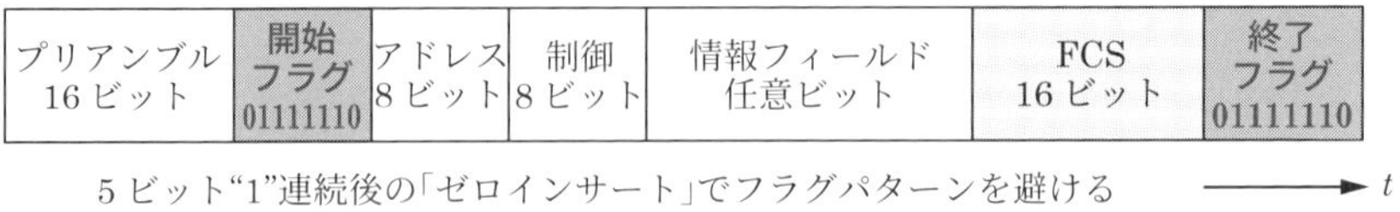

図3.7 | HDLC基本フレーム

(3) CAN 方式

日本の鉄道車両ではほとんど用いられることはなかったが，特に欧州において標準的に採用されてきた伝送規格に CAN 方式によるものがある．CAN は Controller Area Network の略で，もともとは自動車に搭載される機器間の制御情報の伝送用にドイツの Bosch 社が開発した通信方式である．主に自動車などの移動体に使用されるほかに，FA（ファクトリーオートメーション）分野におけるロボットなどでも多くの採用実績を持っている．

CAN をベースに開発された FA システム用の通信仕様（上位層プロトコル）の一つに CANopen があり，それを鉄道車両の制御・監視用に適用したものが列車伝送系国際規格 IEC 61375-3-3 として制定されている．ただし，フレーム当たりのデータ長は最大 8 バイトと小さく，伝送速度も 1 Mbps と，今となっては低速となり，新規の車両内伝送系としての採用は少なくなってきている．

(4) イーサネット方式

車載伝送系の主流になろうとしているのが，イーサネット方式の列車伝送系である．列車伝送系の国際規格として採用されたイーサネットは，100 Mbps の 100BASE-TX を基本としたものである．また，いわゆるギガビットイーサと呼ばれる 1 Gbps のものもマルチメディア応用として急速に普及しつつある．

3.3 イーサネット方式の概要

(1) 伝送系の階層構造

本節では，イーサネット伝送一般の基本的解説にとどめ，国際規格化された列車伝送系特有の仕様に関しては，次の 3.4 節および第 6 章において述べる．

イーサネットによる列車伝送系を理解する上で欠かせないのが，OSI（Open Systems Interconnection）の 7 階層参照モデルである（**図 3.8** 参照）．これは ISO によって策定された，伝送系の基本的な階層構造を示したものである．以下の説明においても，この階層のどこのレベルについての話かを常に意識しておくことが必要となる．OSI 参照モデルは，物理層，データリンク層，ネットワーク層，トランスポート層，セッション層，プレゼンテーション層，アプリ

レベル	階層	適用例	
7	アプリケーション層	HTTP FTP，POP SMTP	
6	プレゼンテーション層		
5	セッション層		
4	トランスポート層	TCP/UDP	
3	ネットワーク層	IP	
2	データリンク層	MAC	イーサネット
1	物理層	100BASE-TX	

図 3.8 ｜ OSI 7 階層参照モデル

ケーション層の 7 階層からなる．

それぞれの階層について，簡単にその役割を示す．

第 7 層　アプリケーション層

具体的な通信サービス（例えばファイル，メールの転送，遠隔データベースアクセスなど）を提供する．HTTP や FTP などの通信サービス．アプリケーションごとのデータの形式や処理の手順などを規定する．鉄道車両では，装置間でやり取りを行うデータの実体部分であり，ファイル転送などのプロトコル（protocol，通信規約）は，この層で規定される．

第 6 層　プレゼンテーション層

データの表現形式，例えば文字コードの変換（例えば，EBCDIC コードのテキストファイルから ASCII コードファイルへの変換）や暗号化などを扱う．双方の機器の間で文字コードが違う場合の変換，通信の暗号化と復号といった処理はこの層で行われる．

第 5 層　セッション層

通信プログラム間の通信の開始から終了までの手順（接続が途切れた場合，接続の回復を試みる）．クライアントとサーバなど，プログラム間の接続手順を規定する．この層により，二つのプログラムの間でデータ交換を行う論理的な通信チャネルが用意される．

第 4 層　トランスポート層

ネットワークの端から端までの通信管理（エラー訂正，再送制御など）．実際にデータのやり取りを行うプログラムの間でのデータ伝送を実現する．エラーの訂正，データのブロックサイズの違いの吸収（大きなデータを小さなパケットに分割するなど）などはこの層で行う．

トランスポート層でデータを運ぶ代表的なプロトコルとして，TCP（Transmission Control Protocol）と UDP（User Datagram Protocol）の 2 種類がある．このうち TCP は，誤りチェックや再送などの手段により，より確実に電文を送達できる仕組みを持っている．一方，UDP はそうした仕組みを持たず，よりシンプルなプロトコルとなっている．

ところで，列車内伝送系で扱うデータには「プロセスデータ」のようなリアルタイムの制御に用いるものや，「メッセージデータ」のような運転中のイベント発生時に必要なものがある（3.4 節参照）．この場合，TCP では再送などで遅延が発生することもあり得る．これが重なると列車の制御に影響を及ぼす可能性も出てくる．そのため，列車伝送系では UDP を基本として用い，エラーの発生や未達の場合の対処はより上位の階層で行うこととしている．すなわち，「プロセスデータ」と「メッセージデータ」の実装はセッション層以上の階層にプロトコルを設けることで行われる．

第 3 層　ネットワーク層

ネットワークにおける通信経路の選択（ルーティング）．データ中継．ネットワーク上の 2 台のコンピュータの接続を確立する．下位のデータリンク層と同じように見えるが，データリンク層が同じ方式を使った一つのネットワーク上の接続を確立するのに対して，ネットワーク層は相互に接続された複数のネットワークの間，つまりインターネットワークの接続を定めるもの．これらの複数のネットワークは，同じ形式のものであっても，異なるものであっても構わない．

第 2 層　データリンク層

直接的（隣接的）に接続されている通信機器間の信号の受け渡し．イーサネット，無線 LAN など，ネットワークの方式に基づいたメディアアクセス制御（Media Access Control：MAC）や実際のデータ伝送について規定する．つまり，それぞれのネットワーク方式が，どのように通信メディアを使ってデータを伝送するのかを定めている．これにより，LAN 上や WAN 上の機器の間の通信が実現される．

第 1 層　物理層

物理的な接続．コネクタのピンの数，コネクタ形状の規定など．銅線・光ファイバ間の電気信号の変換など．実際のネットワーク媒体（ケーブルなど）の上を流れる電気信号の形式やコネクタなど，個々のネットワーク方式ごとに，ハードウェアにもっとも近い部分を規定する．

(2) 物理層の信号

イーサネットの物理層では，伝送速度に応じて，三つの代表的な信号規格が制定されている．すなわち，10 Mbps のものが「10BASE-T」，100 Mbps のものが「100BASE-TX」，1 Gbps のものが「1000BASE-T」である．

10BASE-T では，10 Mbps のデータにマンチェスター符号化を行い 20M シンボル/秒で±1 V の 2 値電圧信号として送信している．この場合，必要な周波数帯域は 10 MHz となる．10BASE-T の信号波形を**図 3.9**（a）に示す．

100BASE-TX では，4 ビットを 5 ビットのコードに変換し，MLT-3 方式に

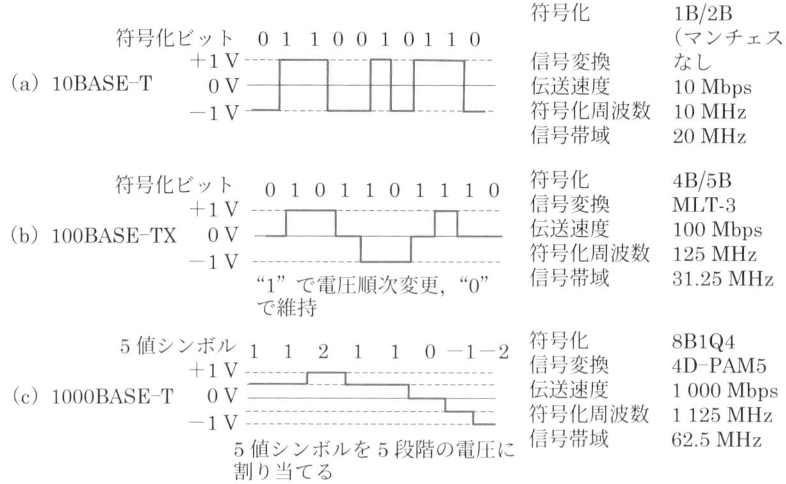

図 3.9　イーサネットの信号レベル

より3レベルの電圧信号（+1，0，−1V）として送信している．必要な周波数帯域は，31.25MHzとなる．100BASE-TXの信号波形を図3.9（b）に示す．

1000BASE-Tでは，100BASE-TXと同等の帯域を用いてその10倍の信号を送信するために，いくつかの複雑な手段を講じている．すなわち，1000BASE-Tでは，4ペアのツイスト線を並列に使い，8B1Q4と呼ばれる8ビットのデータに1ビットの冗長コードを加え，4組の5値シンボルにコード化し，4D-PAM5方式により5値シンボルを5段階の電圧（+1，+0.5，0，−0.5，−1V）に割り当てて送信している．必要周波数帯域は62.5MHzとなる．1000BASE-Tの信号波形を図3.9（c）に示す．

(3) アドレス体系

インターネットがこれほど普及したのも，IPアドレスという通信相手を指定するために使われる汎用性のある論理アドレス体系によるところが大きい．機器固有の直接的アドレスを意識せずとも，論理的に割り振ったアドレスによって世界中のあらゆる端末と交信できるようになるからである．

(a) 物理アドレスと論理アドレス

イーサネットでは，データリンク層では物理アドレスとしてMAC（Media Access Control）アドレス，ネットワーク層では論理アドレスであるIP（Internet Protocol）アドレスを用いて階層化することで物理的な制約から免れ，より論理的にアドレスを扱うことができる．

データリンク層における物理的なパケットのやり取りは，個々のLAN機器ごとに固有に割り振られた48ビットのMACアドレスを用いて行われる．直接的には，MACアドレスで指定したノードに対して電文パケットが送信される．

MACアドレスは，LAN機器のベンダーにより出荷時に機器固有のアドレスが割り振られている．48ビットのうち，上位24ビットがIEEEから各ベンダーに割り振られ登録されたOUI（Organizationally Unique Identifier）と呼ばれる識別子である．各ベンダーでは下位24ビットを独自に割り振ることができるが，一般的には，上位8ビットを機種ID，下位16ビットをシリアルナンバーとしている．これにより世界中のすべてのネットワーク機器には1台ずつ個別のMACアドレスが割り振られることになる．データリンク層のパケットはMACアドレスを送信元，宛先として直接接続されているネットワークセグメント内の端末間で送受信される．

MACアドレスを使って機器間を中継しながら，最終的にはIPアドレスで定められた宛先に到達する．このとき，MACアドレスは表に現れず意識する必要がない．論理的なIPアドレスにより，通信を完結させることができるのである．パケット内にはIPアドレスが包含されており，このIPアドレスを用いてパケットの経路（ルーティング）が決められる．IPアドレスは個々の機器に依存せず論理的に割り振られたものであり，これがインターネットをはじめとするネットワーク参入の汎用性を高めている．IPアドレスが記されたルーティングテーブルにより経路が定まり，ルータによりセグメント間を中継されていき，最終的な宛先に届けられる．こうして，IPアドレスで定められた端末間を自在にデータ伝送できるようになっている．

(b) グローバルIPアドレスとプライベートIPアドレス

IPアドレスは，インターネットで使用される「グローバルIPアドレス」と外部から分離されたローカルなネットワーク（プライベートネットワークと呼ぶ）で使用される「プライベートIPアドレス」に大別できる．両者のアドレス空間は明確に分離されており，相互に直接アクセスできないようになっている．身近な家庭内LANもプライベートネットワークであり，インターネットにアクセスする際には中間にゲートウェイを置き，プライベートIPアドレスとグローバルIPアドレスへとの変換を行っている．

列車内伝送系は列車という閉じた世界であり，インターネットの世界とは分離して構築されなければならない．インターネットと接続される場合も，厳格なセキュリティ手段を介さなくてはならない．インターネットから勝手にアクセスされては困るのである．そこで，列車伝送系はプライベートネットワークとして，プライベートIPアドレスを用いることで，インターネットからの直接アクセスから守られるようにしている．また，プライベートIPアドレスは使用するにあたって，IPアドレス管理団体の許可を取らなくてもよいという大きな利点もある．

インターネットの規格文書の一つであるRFC1918により，IPアドレス空間（全32ビット）内に三つのブロック（それぞれサイズが24ビット，20ビット，16ビット）がプライベートネットワーク用に割り当てられている．

プライベートIPアドレスには上記の各ブロックに対応する3種類のクラス

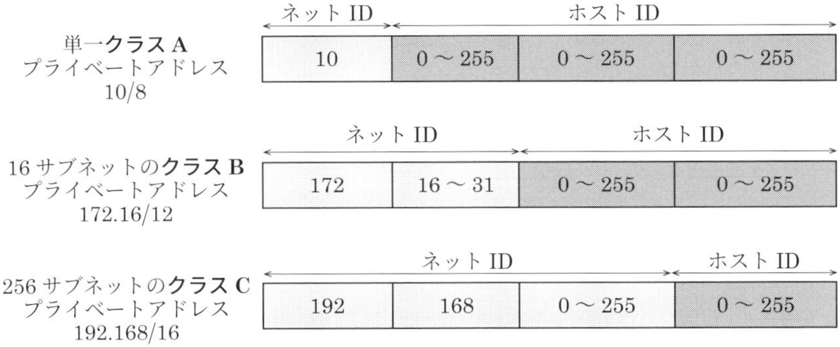

図 3.10 ｜ プライベート IP アドレス

(A，B，C）があるが，このうち列車内伝送系では最大のアドレス数を持つクラスAを用いる（**図 3.10** 参照）．クラスAであれば，24 ビット分（約 1 680 万個）を利用することができる．

(c) URI によるアドレス

インターネットで普通に行われている URI（Uniform Resource Identifier）によるアドレス表記は，イーサネットを採用した TCN においても行われている．**図 3.11** に URI によるファンクションアドレスの表記例を示す．列車⇒固定編成⇒車両⇒装置へと絞り込まれてファンクションアドレスを指定している．

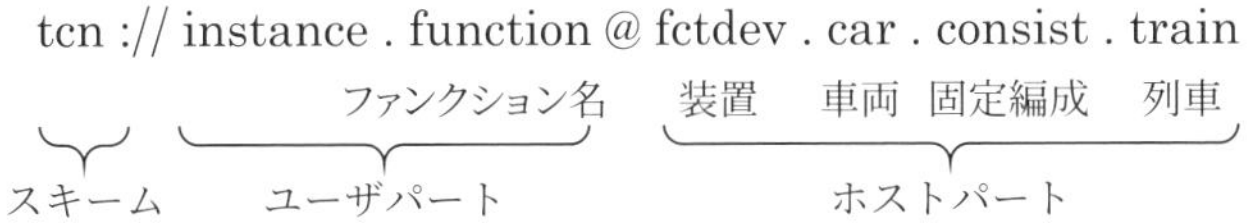

図 3.11 ｜ URI によるファンクションアドレスの表記

(4) フレーム構成

イーサネットフレームは，**図 3.12** に示すように，ネットワークの階層構造に従って各階層を包み込むようなフレーム構成となっている．すなわち，アプリケーションデータを包むトランスポート層では機能アドレス（ポート番号）を持ち，これを包むネットワーク層では論理アドレス（IP アドレス）を持ち，最外層のデータリンク層では物理アドレス（MAC アドレス）を含んでいる．この階層構造により，物理層の信号送受から，必要なプロトコルを介してアプリケー

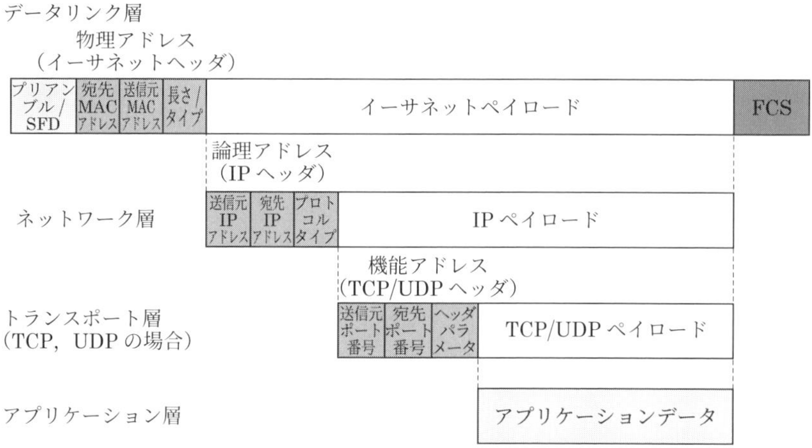

図 3.12 ｜イーサネットフレーム構成

ション層にデータを受け渡すことができる．

コラム｜IPv4 と IPv6

このように汎用性に富む IP アドレスではあるが，従来使われてきた IPv4 と呼ばれる標準のアドレス体系では，アドレス空間としてはわずか 32 ビット分（約 43 億個）に過ぎない．アドレス数の絶対量に非常に大きな限界がある．逆に言えば，これだけでこれまで世界中のあらゆる端末間で自在に交信できてきたのは驚異的ともいえよう．そのために，ダイナミックな IP アドレスの割り付け，プライベート IP アドレスの活用，アドレス変換技術などさまざまな工夫がされ凌いできたが，早晩行き詰まるとみなされていた．このような IPv4 に対し，登場したのが IPv6 である．

IPv6 では 128 ビットのアドレス空間（340 兆の 1 兆倍の 1 兆倍というとてつもない空間）を持つため，ありとあらゆる機器に直接アドレスを割り振ることができ，いわゆる IoT（Internet of Things）を実現するためには不可欠の技術である．既存の IPv4 との共存が困難なことや管理の手間が掛かることなどがあり，その普及はなかなか進まなかったが，今や急速に広がりつつある．

列車伝送系としてはイーサネット導入ということで早くから検討が行われてきたが，IPv6 を採用すべき積極的理由がないことや，導入環境がまだ不十分であることから，現行規格ではIPv6は除外されている．車載機器として世の中の汎用品を用いるという観点からも，まだ機が熟していないということになった．次期改訂では，世の中の変化に伴い，導入もより容易となっているであろう．

3.4 データの種類

列車内の情報伝送にはその特質上，主に四つのデータ種別が存在する（**図 3.13** 参照）．

一つ目は制御指令，機器の状態といったリアルタイム情報を中心とする「プロセスデータ」で，一定周期でのデータ更新が必要とされる．二つ目が「メッセージデータ」で，ひとまとまりのデータファイルを必要なとき（イベントドリブン）に特定の端末間で送受信するものである．三つ目が「ストリームデータ」で，映像や音声を途切れることなく再生するために用いられる．四つ目が「ベストエフォートデータ」であり，最も優先度が低く，大量のデータを回線の空きタイミングを利用して送る．これらは，必要によってそれぞれ選択される．

(1) プロセスデータ

列車制御では，制御指令を遅滞なく送信し，状態情報を速やかにフィードバックする必要がある．この制御応答性を確保するための手段として，周期的なデータの伝送方式が用いられる．あらかじめ基本伝送周期（例えば 25 ms）を定め，

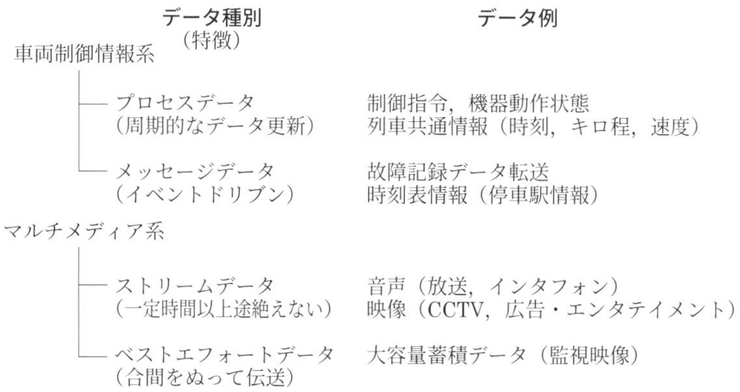

図 3.13 │ 列車伝送系の主なデータ種別

各周期の前半を「周期（periodic）フェーズ」に，後半を「スポラディク（sporadic：散発的）フェーズ」に分割する．周期フェーズ内で順に各端末が，制御指令や状態情報を全端末に同報（ブロードキャスト）する．この手順を制御するために，親局によるポーリングセレクティング方式を採用している．これらは基本的に同報データであるため，効率的に全端末で情報を共有することができる．

この周期フェーズで送られるデータを TCN 規格では「プロセスデータ」と呼び，改訂版規格の中でも一貫してこの用語が用いられている．

(2) メッセージデータ

一方，故障記録などのまとまったファイルデータは，データ読み出しなどの必要時に一括伝送される．すなわち，イベントドリブンの非同期伝送となり，スポラディクフェーズ内で分割して順次伝送される．周期データと比べデータ容量が大きく，サイズもそれぞれ異なるため，スポラディクフェーズの時間内に収まるようなサイズにパケットを分割する．分割されたデータにはそれぞれシーケンス番号が振られ，この番号に従って元のファイルが再構成される．未達の場合は，このシーケンス番号により再送要求が行われる．スポラディクフェーズの伝送は基本的に特定の端末間で伝送を行うユニキャスト（1 対 1 通信）となるが，複数の端末にも配信できるようにマルチキャスト（グループ同報通信）もサポートしている．

このようなスポラディクフェーズ内で送られるデータを TCN 規格では「メッセージデータ」と呼び，同じく改訂版規格を含め共通に使われる用語となっている．また，伝送系再構成時などで必要となるネットワーク管理用の管理データ（Supervisory Data）も，このスポラディクフェーズ内で送受信される．

(3) ストリームデータ

「ストリームデータ」は，リアルタイムに流す音声や映像などのデータで，途切れると困るが蓄積する必要のないものである．これは，受信側バッファにもよるが必ずしも一定周期で伝送する必要はない．ただし，バッファエンプティにならないように一定周期内に一定量のデータを届ける必要がある．したがって，ストリームデータを用いる場合は一定の伝送帯域を確保する必要がある．

(4) ベストエフォートデータ

「ベストエフォートデータ」は，特に監視カメラの映像記録のようなマルチメディアデータの大容量伝送などに用いられる．ベストエフォートデータ伝送は優先度が最も低く，ほかのデータ伝送の合間を縫って送られる．ほかの伝送を妨げることなく，隙間を最大限利用することから，この名が付けられている．こうした大容量データは確実に送り届ける必要はあるが時間的制約は比較的低い．許容範囲内でできるだけ効率的に伝送してほしい，というものである．

同様に大容量データの伝送手段としてメッセージデータもあるが，こちらはプロセスデータと同様の高い優先度を持ち，より高速に伝送できる．一定周期の伝送区間内にメッセージデータ専用の区間があらかじめ設けられており，メッセージデータ全体としては常に一定の帯域が確保されている．

メッセージデータ全体では到達完了時間をあらかじめ見込むことが可能である．これに対し，ベストエフォートデータは，そのほかのデータタイプのその時点での占有率に左右され，必ずしも一定時間内での送達は保証されない．しかし，メッセージデータやストリームデータの閑散期には十分効率よく伝送することが可能となる．

第4章

車両への情報通信技術の応用

第3章で述べたように，汎用的で高速な列車内ネットワークTCNの導入により，鉄道車両の情報通信技術は格段に進歩してきている．すなわち，より高度で柔軟な制御機能，豊富なマルチメディア情報の展開，状態把握による保守，路線運行と連携した自動運転などへと発展してきている．

本章では，その具体的な応用例として，列者全体の制御とモニタ機能を統合した「車両制御情報システム（Train Control and Monitoring System：TCMS)」，旅客案内や映像監視などに大容量伝送機能を活かした「映像音声系のサービス」，従来の一定期間保守方式から，使用状態に応じた保守を行う鉄道分野に革新的な保守方式をもたらすと期待されている状態監視保全（Condition Based Maintenance：CBM)，情報通信技術を活用した新しい「自動列車運転装置（Automatic Train Operation：ATO)」について，機能と特徴，基本構成を述べる．

4.1 車両制御情報システム（TCMS）

列車伝送系を活用した従来の列車モニタリング装置に列車制御機能を追加し，列車全体の制御監視機能を統合したシステムである．

(1) 列車伝送系の機能分担

列車伝送系には，その用途に見合ったさまざまなシステムがあるが，コンピュータや伝送システムなど情報通信技術の高度化と共に，その機能が変化（進化）してきている．列車伝送系の機能分担の変遷を**表4.1**に示す．

カテゴリーは伝送が担う主な機能を示しており，例えば一番上には基本となる

表 4.1　列車伝送系の機能分担の変遷

カテゴリー		～1970 年代	1980～1990 年代		2000 年代～	
		A	B	C	D	E
低	指令引き通し	非常ブレーキ指令	←	←	←	←
			←	←	←	←
		ドア保安回路	←	（バックアップ指令）	←	←
		常用ブレーキ指令	←			
		力行指令	←			
		機器動作表示	←	←	←	←
		機器開放指令				
↑		放送回路				
	制御伝送 （冗長構成）	—	—	常用ブレーキ指令	←	←
					←	←
				力行指令	←	←
				機器開放指令	←	←
				補機制御	放送回路	←
情報転送容量					編成制御	←
	モニタ伝送 （監視系伝送）	—	機器動作表示	←	機器状態監視	←
			故障記録	←	←	←
			サービス機器制御	←	←	←
				検修機能	行先表示	←
				対地上伝送	←	←
					←	←
					連続記録	←
↓						CCTV 画像伝送
	サービス伝送	行先表示	←	←	車内案内表示	←
			車内テロップ 表示	←	広告メディア 表示	←
高	公衆サービス伝送 （無線 I/F 含む）	—	公衆電話 （移動電話）	←	←	←
				運行情報受信	←	車内インター ネットサービス
					コンテンツ転送	

方式として指令引き通しを挙げた．これは，一つの信号に対して 1 本の電線を列車の編成全体に引き通すもので，シリアル信号伝送方式を適用する以前のパラレル信号伝送方式で，従来から列車バスや車両バスに適用されてきた．

列車伝送系が担う機能は，時系列的に A（～1970 年代）から現在の E の段階へ移行するに伴い，変化しながら徐々に増えていることがわかる．なお，機能分担の仕方は鉄道事業者によって多様であるため，これは厳密な分類ではない．

歴史的には，A～B の時代はモニタ伝送の創成期で，主な機能は運転支援や故障表示であり，車両の制御はあくまで指令引き通しであった．C の時代には指令引き通しの一部の機能を担った制御伝送が登場し，引き通し線を削減して軽量化すると共に，きめ細かな指令を出力できるようになった．同時に，モニタ伝送では車両の検査などを支援する検修機能が強化され，地上との伝送もできるようになった．D の時代では，伝送化した制御指令を編成の中で積極的に活用し，協調運転する編成制御の考え方が進んだが，一部の指令引き通しは，安全・安心上外すことができない信号として現在まで残っている．

現在（E の時代）は，運転状況の連続記録機能や安全・安心運行のための画像監視機能などが付加されると共に，旅客への情報提供，広告などのメディア機能の充実には目をみはるものがある．すでに，車内でのインターネットサービスも開始されている．

機能分担では，制御伝送とモニタ伝送を一体にするか分離するかも議論があり，制御は長期的に変わらないが，モニタは運用面で変更の可能性が高いことからソフトウェア管理上の理由で分離するという考え方もある．

また，従来の車両と連結運用する場合には，システムの整合性をとるため，従来の列車バスのインタフェースに合わせる必要がある．連結読替え装置（ゲートウェイ）を連結部に搭載するか，従来方式の列車バス，車両バスを残すか選択することになる．新旧の編成を任意に組み合わせて運用することの多い鉄道事業者では，指令引き通し線を残しておくケースが多い．

（2）基本機能

（a）列車モニタリング機能

TCMS では，列車モニタリング機能として運転台 HMI（Human Machine Interface）があり，運転台ディスプレイに列車内のさまざまな機器の動作状態を一括して表示させることができる．また，異常発生時には自動的に当該の異常状態が表示され，さらに必要な場合は応急処置などのガイダンスも表示される．

列車に本格的な伝送系を導入した最も初期（日本では 1980 年代から）の適用例が，「列車モニタリング装置」である．従来の機械式カム進段方式から，チョッパ方式を嚆矢《こうし》とし VVVF（可変電圧可変周波数制御）方式に至る推進制御装置や SIV（静止形インバータ）装置の導入など，車載機器の電子化が大きく進みつつあった．これらは機械的，構造的には変化がないまま，突然の故障発生となることも多く，異常発生状況の把握が困難になってきた．そこで，こうした電子機器の監視を中心とする列車モニタリング装置が開発されてきた．

列車モニタリング装置は，監視対象機器の異常発生を検知すると直ちに異常状況を運転台に通知し，あわせて必要な応急処置なども表示する．それと共に，異常発生前後の機器状態情報を記録している．故障発生時の状況と応急処置手順が運転台ディスプレイに表示されるため，故障時の対応を迅速化すると共に，記録収集した故障時前後の機器状態情報に基づき，故障解析を支援することができるようになった．これらは即時性が要求され，大量のデータを含むため，その情報伝達には直列データ伝送回線が不可欠となっている．

(b) 機器制御

TCMSでは，制御指令の伝達手段として従来の引き通し電線方式に代わり，直列データ伝送を用いている．これにより制御対象機器への制御指令は，TCMSの伝送路を通じて送られることになる．

TCMSの前身である列車モニタリング装置により高機能化が可能となった代表的な例として，空調装置の制御がある．従来の引き通し電線方式では，強冷，弱冷，送風といった単純な指令しか送れなかったが，これを列車伝送系方式に置き換えることできめ細かな車両ごとの温度設定（弱冷車など）が可能となり，各車の室温や湿度，運転モードなどの状態情報も運転台で一括表示可能となってきている．今や空調制御は，列車モニタリング装置装備車以降のTCMSを含む列車制御システムにおいて不可欠な基本機能の一つである．

(c) 車上自動試験

列車伝送系の機能をフル活用しているのが，車上の自動試験である．制御機能とモニタ機能の両方を用い，試験モードにおいては，試験条件を設定し制御することで対象機器の試験を実行し，試験結果を状態情報として収集し判定することで実現している．こうした複雑なシーケンス処理は，マイコン制御とデータ伝送なくしては実現困難な機能である．

試験とモニタによる状態監視との最大の違いは，試験では通常時のみならず，通常時には起きない条件を設定して，そうした異常発生時の動作（保護動作など）を確認することにある．保護動作の試験では，保護動作閾値以上の信号を設定する必要がある．このためには，試験実行システムにあらかじめこうした条件を設定できる等価（模擬）信号発生器を備えている必要がある．また，保護機能が動作した場合に，その動作を確認できる入力も必要となる．こうした車上自動試験機能を用いれば，特定の検査設備を有しない滞泊地においても試験が可能となり，車両運用の効率化が図れることになる．

(3) 編成制御

引き通し電線方式では，列車全体に一律の指令値を伝達することしかできなかったが，これを列車伝送系に置き換えることで，列車編成内の個別装置別に高度な制御指令が伝達できるようになった．編成制御では，列車編成全体の情報から各機器に対して個別に最適な制御指令を与えている．以下に，これらの制御指令の高機能化の例を示す．

(a) ブレーキ力の順次逓減

雨天の場合には，車輪・レール間の粘着力が低下し，特に列車の先頭側で空転，滑走が発生しやすいことがよく知られている．そこで，この影響を避け実効的なブレーキ力を最大限に発揮するため，先頭車側よりブレーキ力を低減していくことが考えられている．**図 4.1** に適用例を示す．図の補正ブレーキ力に示すように，ブレーキ力を先頭車軸側より順次低減していくことで滑走の発生を抑えている．

この低減分により不足するブレーキ力を編成全体としてカバーするため，ほかの車両のブレーキ力を均一に増加させている．先頭側不足分を各車両で均等に分担するため，長大編成のほうが負担増分の割合はより少なくて済み，粘着力を有効活用できる．

(b) ブレーキ電空演算

省エネルギー化の観点からも，列車の電気ブレーキ力を最大限に活かすことが

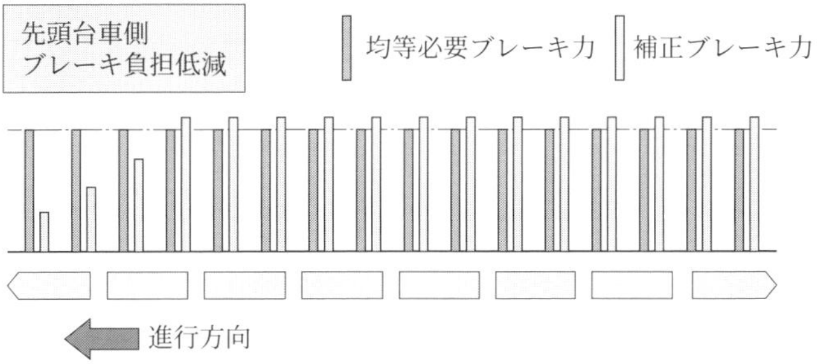

雨天時滑走頻度を下げ，編成全体のブレーキ力を確保する．

図 4.1 ｜ブレーキ編成制御

求められてきている．

例えば，**図 4.2** に示すように 0.5 M 車と T 車の組合せといった変則的な MT 比率の列車において，電制（電気ブレーキ力）を最大限に有効利用するためには，編成全体の必要ブレーキ力を見通した上での電制と空制（空気ブレーキ力）の配分最適化が必要となる．

そこで，編成の MT 構成に応じた電空演算を行うことが考えられている．図に示すように，電制力が一定量に立ち上がるまでは，各台車で均等にブレーキ力を負担させ粘着力を十分に活用する．電制による負担力が増加するに従い，各台車の空制による負担を均等に減少させていき，最後はすべて電制のみの負担とする．

こうした効率的な電空制御は列車編成の MT 構成比率が均一ではない場合に特に有効で，これは従来のユニット（一括制御できる最小の車両グループ）単位のローカル制御のみでは困難なものであった．なお，実際の演算では，列車質量（回転慣性を含む）〔kg〕に要求減速度〔m/s^2〕を乗じて得る編成全体の必要ブレーキ力〔N〕を，各車の実乗車重量（空気バネ圧）に応じて配分することで，より有効に粘着力を活用する．これには，中央で最初から演算して各車に配分する方法や，各車の基本ブレーキ力配分だけを中央から指令し，車重変化分は各車で補正演算する方法がある．

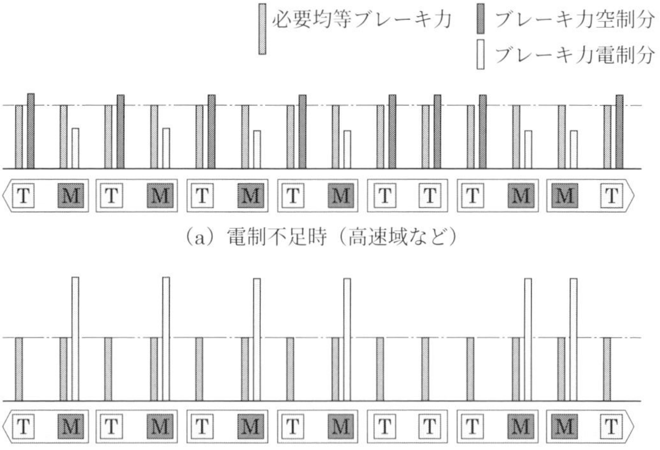

（a）電制不足時（高速域など）

（b）フル電制時

図 4.2 ｜ 電空配分を最適化した編成制御

(c) 異常時のバックアップ制御

列車の推進，ブレーキの制御ユニットのいずれかが故障した場合にも，ほかの正常ユニットにより列車全体の性能を落とすことなくバックアップすることができれば，例えば入庫までの当座は営業運転をそのまま継続することが可能となる．

図 4.3（a）に推進制御装置が故障した場合のバックアップ例を示す．故障したユニットの不足トルク分をほかの正常ユニットに再配分指令することでバックアップしている．このとき，指令はトルク指令値とし，各正常ユニットの実乗車重量による粘着力を加味して効率的に配分する．この負担増加分があっても各装置の定格出力範囲内に収まれば，その後も支障なく所定の時分により営業運転を継続できることになる．したがって，こうしたシステムを導入する場合は，設計時点で異常時を前提とした十分な定格出力を設定しておく必要がある．

図 4.3（b）にブレーキ制御の例を示す．制御伝送システムは列車全体の必要ブレーキ力を演算しており，各制御ユニットへはブレーキ力指令値を出力する．異常発生時には異常発生ユニットのブレーキ力負担分をほかの正常ユニットに割り振り，編成全体としてのブレーキ力を維持する．ブレーキ力の配分演算も同様に各車の実乗車重量を組み入れることで粘着力を最大限に活かすことができる．

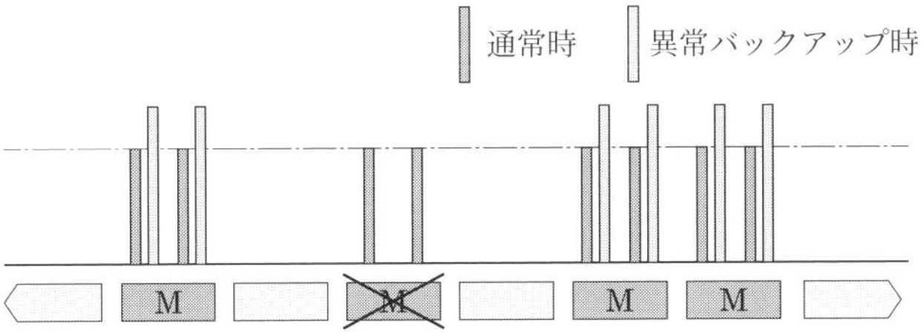

（a）推進制御装置

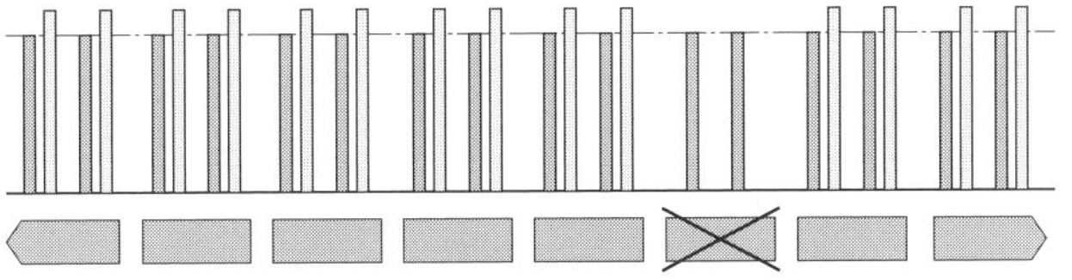

異常発生時でも通常運行性能を維持可能

（b）ブレーキ制御装置

図 4.3 │ 異常時バックアップ

いずれかのブレーキ制御ユニットが故障したとしても，ほかの正常ユニットでカバーすることで通常時と変わらない減速度が維持できれば，運転操作も通常時と違和感がなくそのまま運転を継続できるようになる．ブレーキの場合は推進制御装置に比べ，全車両（台車）が対象となり制御ユニット数が相対的に多いため異常時の負担増も少なくて済む．

(4) システム構成

TCMS の基本的なシステム構成例を**図 4.4** に示す．図において，編成の両先頭には中央装置が，先頭および中間の各車両には端末装置が設置され，各ユニット間は直列伝送路によって接続されている．

各車の端末装置には制御モニタ対象機器が接続され，機器制御および状態監視や記録データの収集を行っている．中央装置には，TCMS の基本的な HMI（Human Machine Interface）として運転台ディスプレイが接続され，列車内のさまざまな機器の状態監視がなされ，異常発生時には異常状況ならびに必要な応急処置手順が表示される．

ここでは，列車全体を扱う「中央装置」と各車両内を扱う「端末装置」に大き

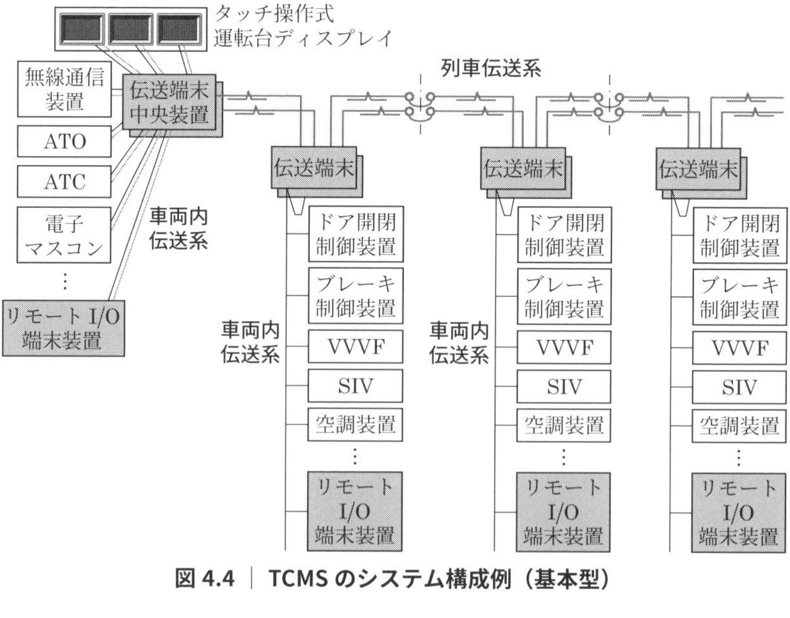

図 4.4 │ TCMS のシステム構成例（基本型）

く構成が分けられており，各端末内のソフトウェア機能が明確に分離されている．ただし，両先頭車では，中央機能と端末機能を一体化した端末として構成する場合もある．

TCMS 全体としては，二重系の冗長系構成となっており，いかなる端末および伝送路に異常が発生してもシステム機能が維持できるようになっている．これは列車機能の中枢を司る TCMS にとって必須条件であり，列車運行の信頼性向上のための要となっている．

また，運転台ディスプレイはおのおの独立して各系端末と接続されており，運転台ディスプレイ異常時には，ほかの運転台ディスプレイによってすべての機能が代替できるようになっている．これには例えば，2 画面分の表示計器類を 1 画面上にコンパクトに表示するといった統合表示機能も含まれる．

ここでは，すべての装置が伝送により接続されているが，このうち「リモート I/O 端末装置」が伝送系以外の信号インタフェースを一手に引き受けている．すなわち，デジタル/アナログ入出力信号を直接ここに接続し，これらの信号情報を，伝送系を介して送り出すための装置である．例えば，運転台に設置されるリモート I/O 端末装置では，マスコンをはじめさまざまな操作スイッチ類の入力，表示灯の点滅制御など多くのデジタル I/O 点数が必要となり，これらとの一括インタフェースに用いられている．

次に，TCMS にイーサネットの伝送スイッチを導入した場合のシステム構成例を**図 4.5** に示す．図において，伝送端末は伝送スイッチに置き換わり，TCMS のアプリケーション機能は持たず，データ伝送のスイッチ機能に特化させている．

中央装置および端末装置には車両内伝送系によって VVVF やブレーキ制御装置などの機器と接続されていて，さらに中央装置にはマスコンなどの運転台機器や保安装置，モニタ表示器が接続されている．車両内伝送系の伝送方式は RS485 方式が一般的であったが，端末装置でプロトコル変換（パケットの組換え）が必要なことから（**図 4.6** 参照），列車伝送系，車両内伝送系共に，いずれイーサネット方式へと統一されていくと思われる．

(5) システムの頑強性

装置の故障または伝送路に障害が発生した場合においても，TCMS として機

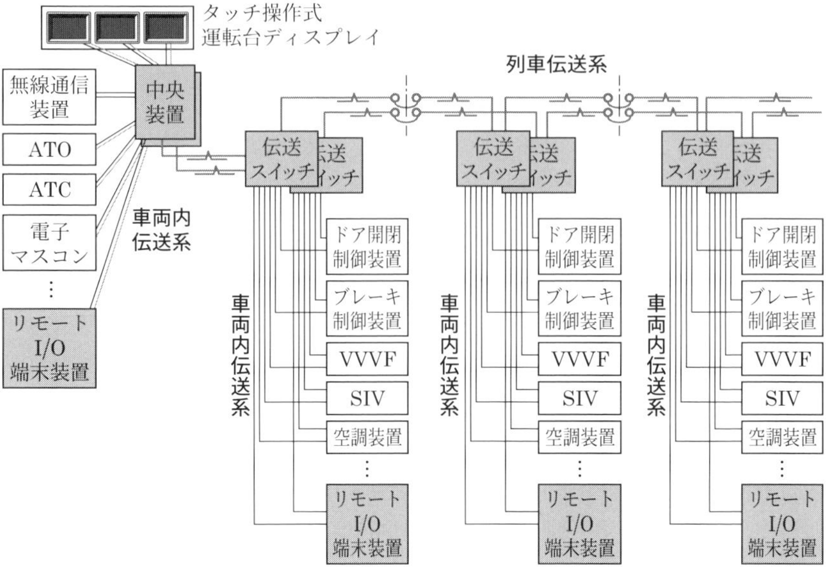

図 4.5 ｜ TCMS のシステム構成例（伝送スイッチ型）

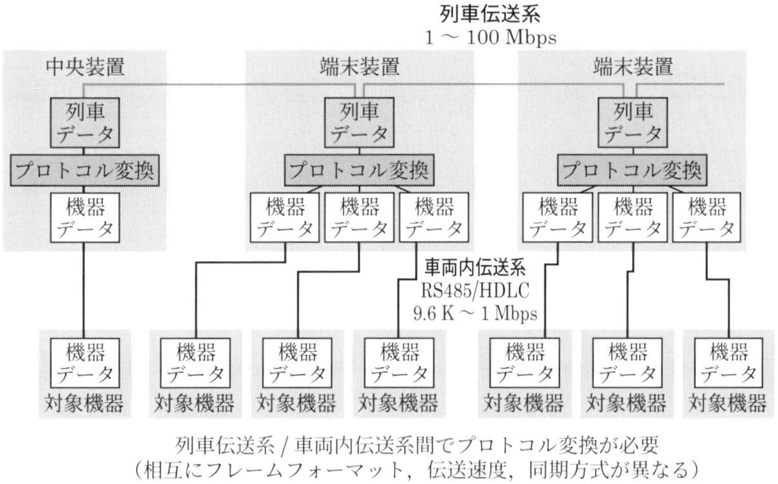

図 4.6 ｜ RS485 による車両内伝送方式

能を喪失することなく，継続して動作するように構成している．この故障などに耐えて機能し続けられる性質は「システムの頑強性（robustness）」と呼ばれる．

中央装置および端末装置は，二重系の構成としており，通常はどちらかの系で制御し，故障が発生した場合は，他系に制御を切り替え，システムとして継続動作するようにしている．

伝送路については，リング型やラダー型を適用している．リング型では，正常な経路を使用して伝送を行い，システムとしての機能を維持している（**図 4.7** 参照）．ラダー型では，中央装置および端末装置の 1 系どうし，2 系どうしを接続し，さらに，中央装置内，端末装置内において系間で情報交換を行い，迂回路を構成している（**図 4.8** 参照）．これにより伝送路の多重故障時への対応を可能にしている．

また，端末装置が故障した時には，伝送路を端末装置内で短絡することによって，正常な装置だけで伝送路を構築して，故障時の動作継続性を確保できるようにもしている．

(6) 列車の分割・併合

TCMS としては，列車の「分割・併合」に対応できなければならない．併合前は編成 A と編成 B で別々の列車伝送系であったものが，併合後は一つの列車伝送系になる．**図 4.9** にラダー型の併合の構成を示す．

このときに必要となる機能は，ネットワークアドレスの再割当てと列車構成データベースの再構築である．

列車の運行制御にかかわる列車伝送系としては，機器間の通信情報だけでな

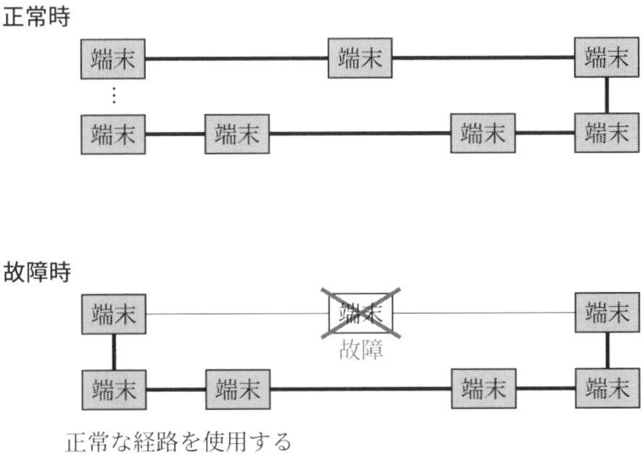

図 4.7 │ システムの頑強性：リング型伝送路

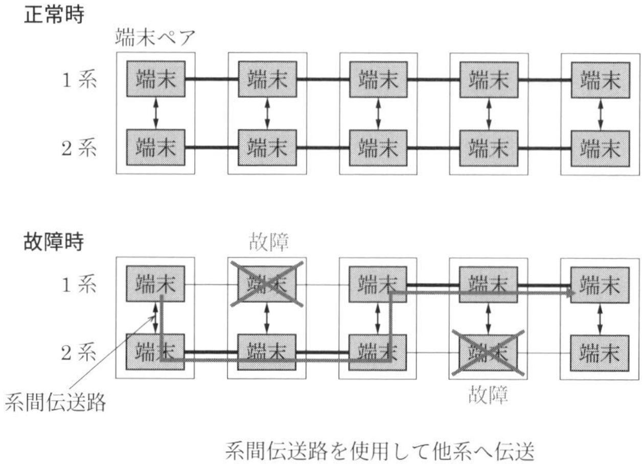

図 4.8 │ システムの頑強性：ラダー型伝送路

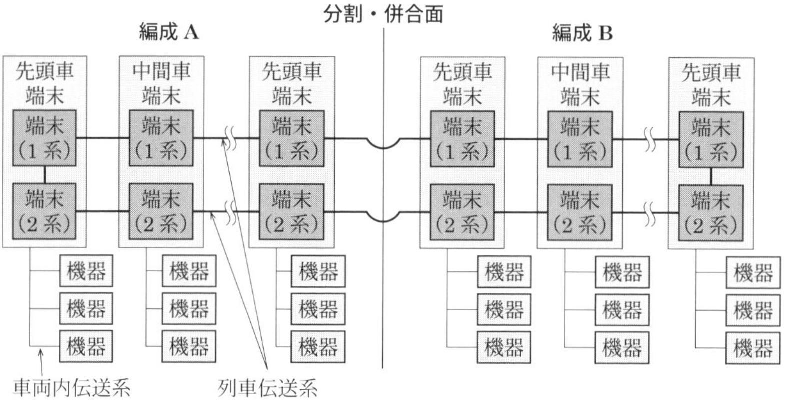

図 4.9 │ ラダー型併合時の構成

く，列車構成情報の共有が必要となる．編成ごとの車両の号車番号・種類・装置の配置などの情報は固定であるが，それらの組合せに基づく列車構成情報は編成単位の分割・併合時に更新される．常に最新の列車構成情報が列車内で共有化されなければならない．また，列車の先導車・進行方向・ドア開閉指令の左右指定・速度の加減速指令・各ステータス値などの動的な情報も共有される必要がある．

これらの情報が列車内で共通の列車構成データベースとして各編成内に保持さ

れる必要があり，列車の分割・併合時は編成間で列車構成データベースを交換し合い，各編成で共通のデータベースを保持するようにしている．

4.2 映像音声系のサービス

本節では鉄道車両で提供される映像音声系の各サービスと，それらに適用されている技術について紹介する．映像系サービスとして（1）ビデオ監視／CCTVシステムと（2）旅客案内表示システム，音声系サービスとして（3）音声システムを紹介し，最後に近年車内でのサービスが広がっている（4）無線LANサービスについて紹介する．

（1）ビデオ監視／CCTVシステム

ビデオ監視／CCTVシステムは列車の運行監視および乗客の安全性確保，防犯などを目的として提供されており，主に，カメラ映像の取得とストレージ（記録媒体）への保存，ディスプレイでの表示，分析から構成される．今後，運転士数の減少，運行効率化の観点からドライバレス運転の拡大が検討されており，その面でも活用が期待できるシステムである．カメラの設置例とその目的を以下に述べる．

・編成前方，後方に設置し，事故解析に使用する．
・車両内に設置し，車両内の状況を確認する．
・車両外の側面もしくは駅ホームに設置し，乗降客の状況を確認する．

本システムを構成するカメラは，主に「IPカメラ」と呼ばれる種類のカメラが採用されている．IPカメラを用いたビデオ監視／CCTVシステムでは，カメラ1台1台がIPアドレスを持つため，IPによってデータの送受信を行う「IPネットワーク」が使用できる．従来のアナログカメラでは1台1専用線が必要で，ケーブルの敷設本数の制約により設置台数に制約がかかったり，追加設置が困難になったりしていたが，IPカメラを使用することで複数台のカメラ映像を一つのケーブルで送信でき，十分な数のカメラを車両に設置することが可能となった．ビデオ監視／CCTVシステムはこのような背景から鉄道に限らずオフィスや一般家庭でも使用され，生活に浸透している．

IPカメラを車両に設置した際，映像品質に影響する代表的なパラメータがフレームレート，解像度，ビットレートである．これらは用途に応じて調整が必要となる．

フレームレートは映像の滑らかさに影響するパラメータである．映像は連続する静止画像で表現されており，このフレームレートは1秒間に何回画面を書き換えるかを表し，単位は〔fps〕*1 である．フレームレート数が大きければ大きいほど映像は滑らかになる．

解像度は，表示できる画像の単位長当たりの鮮明度を表し，カメラの画面を構成する画素のドット数の単位である〔px〕（ピクセル）を縦横の積で表現する．例えば，テレビの解像度でよく聞くフル HD（フルハイビジョン）は，1 920×1 080と表現される．

最後のビットレートは，単位時間当たりに転送または処理されるデータのビット数であり，単位は〔bps〕である．これらのパラメータの値は，大きくすれば高精細で滑らかな映像になるが，その分伝送するデータ量が膨大となる．映像品質とデータ量はトレードオフの関係にあり，ビデオ監視／CCTV システムでは複数のカメラ映像を一定期間保管するため，映像保管を担うストレージ（記録媒体）の容量による制約を考慮したパラメータ設定が必要となる．

次に，車両におけるビデオ監視／CCTV システムの構成について説明する．**図 4.10** は車両全体の情報管理を行う TCMS と IP カメラを用いたビデオ監視／CCTV システムを統合した構成例である．本システム構成では，車両内で TCMS のネットワークとビデオ監視／CCTV システムのネットワークが物理的に分離されているが，ネットワーク内に送信されるデータ容量によっては同じネットワークで構成することも可能である．

図 4.10 のシステムでは，二つのネットワークをルータで接続することで TCMS の表示器にカメラ映像をリアルタイムに表示することを可能にしている．また，ビデオ監視／CCTV ネットワーク内に映像データを保管するためのストレージである記録装置を接続し，録画した映像を蓄積，TCMS の表示器で再生することができる．車両に設置したカメラが録画した映像を，ルータを介して地上・車上間の無線通信網経由で取得し，地上側で管理，閲覧することもできる．

ビデオ監視／CCTV システムは，車両内だけでなく駅改札・ホームなど鉄道にかかわる各設備・施設にも活用の幅が広がっている．近年，人工知能（Artifi-

---

*1　frame per second：フレーム／秒

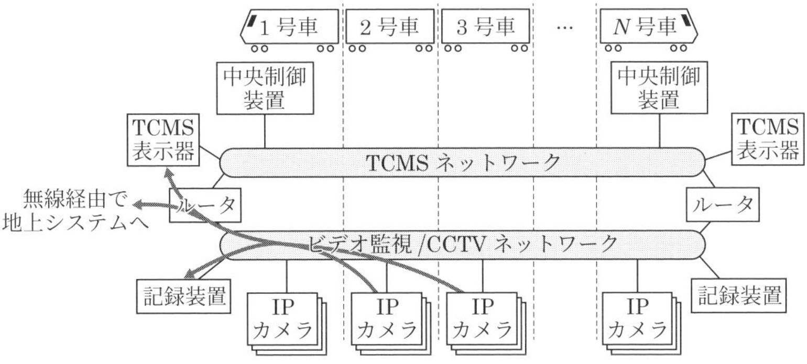

図 4.10 ｜車両における TCMS とビデオ監視／CCTV システムの構成例

cial Intelligence：AI）技術を用いた画像解析機能により，行動パターンから不審者を検知し，乗客・乗務員の安全を向上するシステムも開発が進んでいる．

(2) 旅客案内表示システム

旅客案内表示システムは列車を利用する乗客へ次駅案内や輸送混乱情報などの運行状況の案内を提供するシステムである．海外では，旅客案内表示システムと後述する音声システムを合わせて，PIS（Passenger Information System）と総称されている．また，システムによっては，前述のビデオ監視／CCTV システムも含めて PIS と呼ぶ場合もある．

旅客案内表示システムの情報提供媒体およびその提供情報例を以下に示す．

・LED（Light Emitting Diode）の点灯を列車の在線位置情報として活用し，路線図上で位置を知らせる．

・LED 表示器を使用し，文字による運行案内情報を提供する．

・LCD（Liquid Crystal Display）表示器を使用し，運行案内情報や広告，エンタテインメント情報を提供する

いずれの機器が適用される場合も，車両内のドア上や通路上，貫通路上などに設置されている．

LED 表示器には現在駅，次駅，ドア開閉方向の案内を表示する．従来は単一色を用いて案内の表示を行っていたが，近年，16 777 216 色のほぼ自然色に近い色を表現できるフルカラー LED を用いた案内表示も行われており表現の幅が広がっている．

LCD 表示器は，主に以下の二つの用途で使用される．

（a）行先情報の表示

（b）行先情報以外の多目的表示

(a) 行先情報の表示

LCD 表示器は行先情報として，現在駅や次駅情報のみの LED 表示器と異なり，文字だけでなくアニメーションなど多様な表現で路線図，乗換案内，ドア開方向，駅設備といったさまざまな情報を表示することが可能である．また，海外観光客を考慮した多言語による案内表示が行うことができる（**図 4.11**（a））．加えて，行先情報を多く表示するため，車両内に設置される LCD 表示器の台数を増やし，複数の LCD 表示器が連動して一つの行先情報に関するコンテンツを表示することも可能となっている．

(b) 行先情報以外の多目的表示

LCD 表示器は，行先に関する情報を表示以外にもニュースや天気予報，Web 情報などの多くの情報が表示できる（図 4.11（b））．また，企業 PR や企業広告の表示に使用して広告ビジネスを展開する鉄道事業者もある．鉄道会社は広告代理店と連携してビジネス展開をしており，鉄道車両のマルチメディアを新しい分野に活用した好例と言える．

LCD 表示器に用いられる技術は，このような多様な表示を実現するため今日まで発展し続けている．特に大型で高精細な画面表示と大容量データの通信技術，圧縮技術については乗客がより快適に情報を取得するために重要な技術である．以下にそれぞれの技術について紹介する．

大型で高精細な画面表示を実現するためには，大画面で高い解像度の LCD を提供する必要がある．画面サイズ，解像度共に発展し，画面サイズは 15 インチ程度の大きさから 17 インチ以上に大型化され，画面は HD（1 366×768）やフル HD（1 920×1 080）などの解像度で表示でき，高精細な表示が可能と

（a）多言語表示画面例　　（b）天気予報などの Web 系情報画面例

図 4.11 ｜ LCD 表示器の画面例

なっている．

大容量データ通信は，情報通信技術を取り入れたデジタル化によって進められている．LCD 表示器が車両に取り入れられた当初はアナログ映像システムであったが，機器間通信に IP ネットワークを使用することでデジタル映像システムが実現され大容量のデータを通信できるようになった．

大容量データの圧縮技術には，映像として表示される静止画，動画それぞれに対して国際規格に従った圧縮符号化技術があり，それらの規格が適用されている．以下に代表的な規格を紹介する．

ISO/IEC JTC 1/SC 29[*2] において，静止画，動画共に符号化技術の標準化活動が行われている．組織内に二つの WG[*3] があり，WG1 Joint Photographic Experts Group では静止画，WG11 Moving Picture Experts Group では音声・動画像の符号化技術の標準化を進めている．

WG1 で標準化された代表的な規格が「JPEG」である．この規格は，1992 年に発行された初の画像符号化国際規格であり，規格の発行以来広く普及している．前述の ISO/IEC JTC 1/SC 29 と ITU-T[*4] の合同で規格開発が行われたため，規格発行は両組織からなされており，JIS[*5] でも規格化されている．JPEG の規格は以下の通り，三つ挙げられる．

・ISO/IEC 10918-1:1994

・ITU-T 勧告　T.81

・JIS X 4301

WG11 で標準化された代表的な規格が「MPEG」である．この規格は，1993 年に発行された MPEG-1 以降，MPEG-2，MPEG-4 と伝送速度や圧縮率を改良しながら順次発行され広く普及している動画符号化技術である．近年は H.264 の規格名もよく聞くようになったが，これは ITU-T の H シリーズ勧告で発行された規格であり，MPEG-4 Advanced Video Coding と同一の技術である．画像，動画それぞれの国際規格の発展に伴い，国際規格を採用する表示システムの表示技術も改良されることで，行先情報や多目的表示においてより多く

＊2　ISO（International Organization for Standardization：国際標準化機構），IEC（International Electrotechnical Commission：国際電気標準会議），JTC（Joint Technical Committee），SC（Sub Committee）

＊3　WG（Working Group）

＊4　ITU-T（International Telecommunication Union Telecommunication Standardization Sector）

＊5　JIS（Japanese Industrial Standards：日本産業規格）

の情報が効率よく表示可能となっている．

次に，LCD 表示器を用いた旅客案内表示システムの構成について説明する．**図 4.12** は旅客案内表示システムの構成例である．本図は，車両全体の情報管理を行う TCMS が使用する TCMS ネットワークと，旅客案内表示システムが使用する案内制御ネットワークで構成された例となっているが，ネットワークを統合して構築することも可能である．

旅客案内表示システムは，車両に設置された制御装置が TCMS から受信した運行情報を LCD 表示器に伝送し，LCD 表示器がその情報に従って案内を表示する．制御装置・LCD 表示器間のデータ伝送には案内制御ネットワークを使用する．また，旅客案内表示システムは車両内だけでなく，高速無線や公衆無線を経由して地上基地局と通信する地車間通信を行うことも可能である．

これにより，旅客案内表示システムで使用する表示コンテンツデータの更新に，基地局から任意のタイミングでデータを送信することが実施可能となり，運行情報などの受信，表示も可能となる．各装置には IP ネットワークを用いたデータ伝送を行っており，受信した各データを効率よく各機器に転送することができる．

近年の旅客案内表示システムは車両に設置された LCD 表示器での表示だけではなく，乗客が持つスマートフォンやタブレットと連携することも可能となってきている．インターネットを介したスマートフォンやタブレットへのデータの発信，専用アプリケーションの使用により乗客自ら必要な情報を選択できるなど情

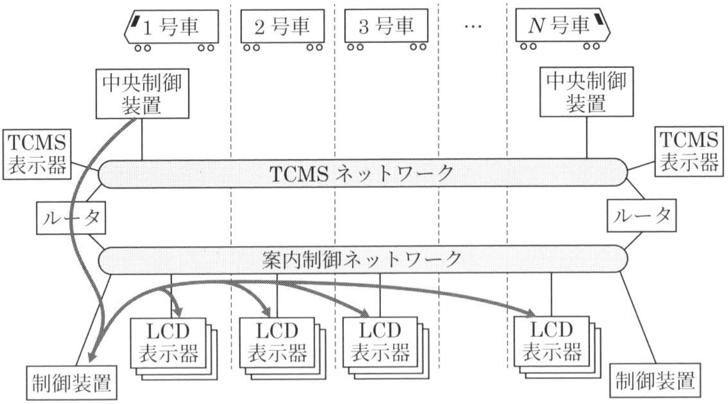

図 4.12 ｜旅客案内表示システムのシステム構成例

報通信技術を活用したサービスの導入が進んでおり，発展が期待できるシステムである．

(3) 音声システム

音声システムは，スピーカやアンプ機器を使用して音声によるサービスを提供する．サービスを提供するシステムは以下のサブシステムが挙げられる．

・車内放送システム
・乗務員間通話システム
・非常通報システム

車内放送システムは，車内に設置したスピーカにより運行情報や乗務員のアナウンスを行い，乗客に情報提供する機能を有する．音声を発信する方法には，車両内にいる乗務員がマイクを使用して案内を行う手動放送と，あらかじめ録音した案内用データを列車の運行状況から適切なタイミングで自動的に放送する自動放送の 2 種類がある．乗務員間通話システムは，マイクとスピーカを前後の運転台に設置し，乗務員同士（例えば，運転士と車掌）が通話できる機能を有する．非常通報システムは，車両内のトラブル発生時に乗客が乗務員へ通報し，通話できる機能を有する．乗務員間通話システムと非常通報システムは，車両と地上に設置された基地局との間の無線通信網を使用して，地上オペレータと乗務員，乗客が通話できるものもある．

音声システムは従来音声をアナログ信号で処理していたが，情報通信技術の発展に伴い音声をデジタル信号で処理する例もみられるようになった．音声信号をアナログ信号で伝送するシステムは簡単かつ安価に構築できていたが，アナログ信号をデジタル信号に変換することで信号の劣化やノイズの軽減効果が得られ，品質のよい音声による情報提供が可能となること，伝送線が削減できることから車両のマルチメディアとして活用されるようになった．

音声のデジタル化に関する技術としては，VoIP（Voice Over Internet Protocol）がある．VoIP は，IP ネットワークを使用して音声通話を行うための技術であり，通信方式を定めた規格である ITU-T の G シリーズ勧告のうち，G.729 の音声符号化方式を使用している．

車両での音声システムの構成について説明する．**図 4.13** は TCMS と音声システムを統合した構成例である．音声システムは，音声信号をデジタル化するこ

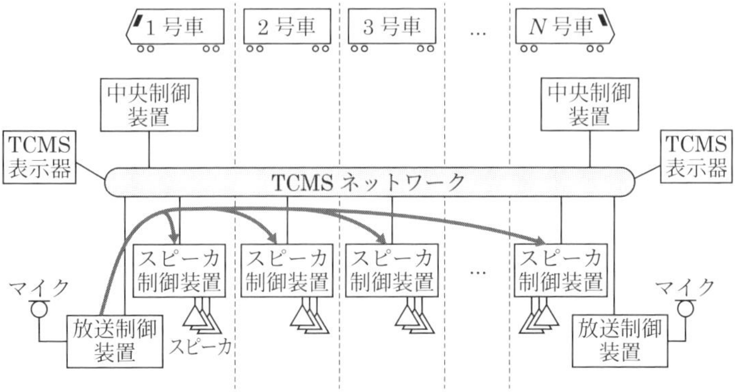

図 4.13 | 車両における TCMS と音声システムのシステム構成例

とで TCMS のネットワークを使用できるようになっている．運転室にはマイクが接続された放送制御装置が設置されている．車内に音声放送を行う際は，このマイクから入力された音声をデジタル信号に変換し，TCMS のネットワークを経由して各車両に設置されたスピーカ制御装置に信号を送信する．スピーカ制御装置は，受信した信号をアナログ音声信号に変換し，各スピーカから乗客に音声情報が提供される仕組みとなっている．

TCMS の中央装置は乗務員間通話システム，非常通報システムの使用状態を監視しており，優先度の判断や車内放送システムの放送許可または不許可の制御を行っている．このように情報通信技術を活用することで，クリアな音声情報を提供することや TCMS と音声システムを一つのネットワークで管理し，複雑な制御の実現が可能となる．

音声システムは音声による乗客への情報提供と 2 者間の通話のほかにも，前述のビデオ監視／CCTV システムや旅客案内表示システムと連携させることが可能なシステムである．例えば急病人の発生など，車両内のトラブル発生時に乗客は非常通報システムを使用して乗務員と通話した際，その乗務員が運転室内の TCMS 表示器でトラブル発生車両のカメラ位置を選択し，その車両の映像から迅速に状況を把握できるようになる．また，広告や企業 PR に合わせた音声案内が行われている例もあり，音声システムはほかのシステムとの組合せにより，今後もさらに高いサービスを提供できる可能性を持っている．

(4) 無線 LAN サービス

情報通信技術を活用して発展した無線技術に無線 LAN システムがある．デスクトップ PC やノート PC，タブレット，スマートフォンなどのデバイスで利用されており，我々の日常に不可欠なものになっている．「無線 LAN」という言葉よりも「Wi-Fi®」が身近な名称となっているが，Wi-Fi は Wi-Fi Alliance の登録商標であり国際規格ではない．無線 LAN にはいくつかの規格が存在し，IEEE*6 802.11 シリーズが有名である．IEEE 802.11 シリーズにおける 802.11a や 802.11b では，その通信速度や周波数帯域などを決めている．

Wi-Fi の使用例として，スマートフォンなどを外出先で使う際に，Wi-Fi スポットと呼ばれる無線 LAN を利用できる公衆無線 LAN サービスに接続してインターネットが利用できるケースが挙げられる．カフェやレストランなどのほかに，鉄道の主要駅や車両内で公衆無線 LAN サービスを利用できる鉄道会社もある．利用者は，事前に個人を認証できる情報（例えば自身のメールアドレス）でサービスの利用登録を行った上で利用する場合が多い．駅や車両に無線 LAN 環境を整備することで，海外観光客が観光先への移動中にインターネットを利用したい場合に必要なサービスを提供でき，快適性の向上につながる．

車両を製造する車両メーカーや鉄道事業者にとっても無線 LAN 技術を利用するメリットがある．例えば現在，ビデオ監視／CCTV システムや旅客案内表示システムといった車両に搭載する各機器間の通信は有線接続されている．そこに無線 LAN 技術を導入することで配線レスによる車両製造の効率化を図ることができる．また，車両メンテナンスの観点から無線 LAN を使用したタブレット端末によるデータ管理を行うことで軽装備，かつ短時間でデータ取得・整理をすることが期待できる．

無線 LAN システムは乗客，乗務員双方にとって利便性を高めるサービス，技術であり，今後ますますサービスが広がっていくことが予想される．

4.3 CBM の考え方と基本構成例

鉄道車両の情報通信技術の進展に伴い列車内の各機器の詳細な状態情報を収集，モニタリングできるようになった．これら列車内のさまざまな機器の大量の

＊6 IEEE（Institute of Electrical and Electronics Engineers：米国電気電子学会）

状態情報を保守に活かす取り組みが行われている．

(1) 列車の保守とは

鉄道の保守は一般的に**表 4.2** に示す三つの方法が採用されている．

一つ目は機器が故障してから修理を行う事後保全，二つ目は機器の取替え周期（検査周期や走行距離）をあらかじめ定義しておき，その一定周期ごとに保守を行う時間計画保全，三つ目は機器の状態に応じて機器の故障を予測し，故障する前に機器を交換する状態監視保全である．

現在，広く行われているのは時間計画保全である．2001 年までは自動車の車検と同様，国が定めた周期に基づいて検査を行う仕組みであった．ところが 2001 年に鉄道事業者が実施基準（検査周期や走行距離）を作成して国に届けることに制度が変更された．すなわち鉄道事業者が作成した実施基準の安全性証明ができれば機器の検査周期を延長できるようになった．延長には安全性を証明する必要があり，どの機器がどのくらいの期間で故障するかといったデータが重要となる．

表 4.2 │ 保守の種類

名称	概要
事後保全	機器が壊れたときに修理を行う
時間計画保全	一定周期（検査周期や走行距離）ごとに検査・修理を行う
状態監視保全	機器の状態を予測し，故障の兆候があれば検査・修理を行う

図 4.14 に時間計画保全の概要を示す．機器は個体によって持ちうる性質が異なり，必ずしもすべての個体が同じ故障間隔を有しているとは限らない．故障する前に保守を行うことを考えると，検査周期は故障間隔が短い個体（列車 A）の期間を考慮する必要がある．その結果，例えば列車 B ではまだまだ使用できるにもかかわらず機器を交換せざるを得ないといった課題がある．

(2) 状態監視保全（CBM）とは

制度改定により検査周期を鉄道事業者が任意に決定できるようになった．メンテナンスコストの低減を考えると，できる限り故障する直前で機器を取り替える

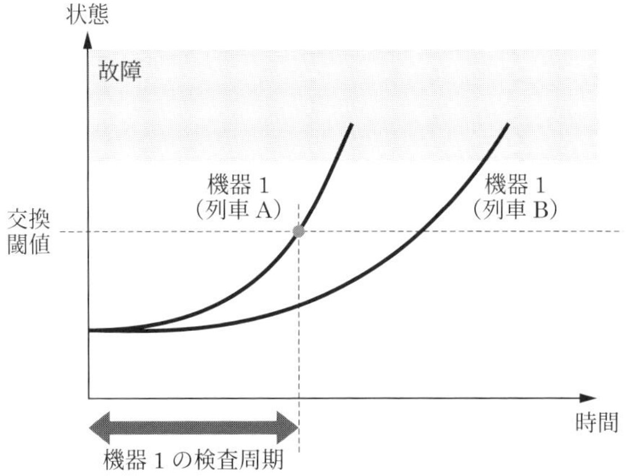

図 4.14 ｜時間計画保全の概要

のが理想的である．このような考えのもと，検討が進められているのが状態監視保全（CBM）である．状態監視保全の概念図を**図 4.15** に示す．

状態監視保全では鉄道車両の情報通信技術の進展によって取得できるようになった大量の機器データを活用し，大量の機器データから機器の状態をリアルタイムに予測し，故障の兆候が発見されたら保全を行う．すなわち検査周期を長く

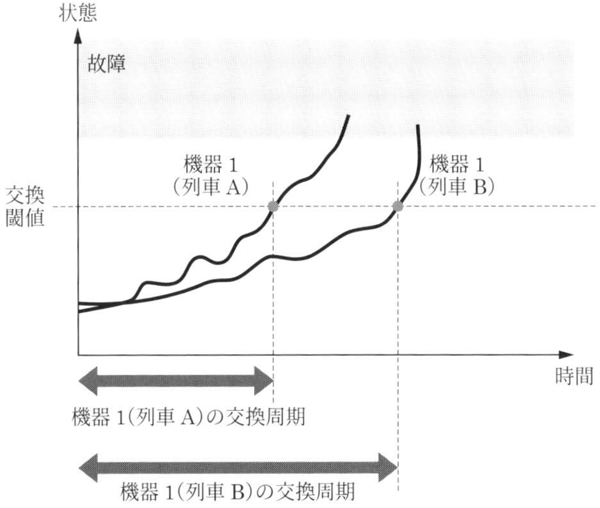

図 4.15 ｜状態監視保全（CBM）の概要

するのではなく，検査周期を短くし検査を頻繁に行うことで，結果的に機器の交換周期を延長できるように考え方を変えたのである．

(3) CBM に必要な構成

CBM には機器の状態を予測するためのセンシングデータが必要となる．各機器は電流センサといった各種センサデータを TCMS に送信する．センサデータは TCMS の地上・車上間通信を介して地上のサーバに送信され，地上側で機器状態の予測や，必要があれば機器の交換・修理といった手配が行われるのが一般的である（**図 4.16**）．

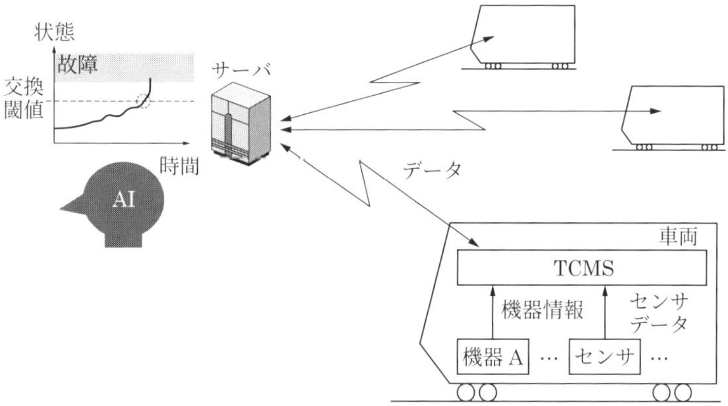

図 4.16 ｜ CBM の基本構成

(4) 具体事例

列車の車上データを状態監視保全に活用した例に振動乗り心地状態監視システムがある．本システムでは，列車に取り付けた振動加速度センサの情報と TCMS で収集した車両速度やキロ程（起点からの延べ距離程）といった情報とを組み合わせて乗り心地を評価する．**図 4.17** に車両の振動乗心地と走行場所と車両運行経過（走行距離）との関係を可視化したものを示す．このような可視化によって走行箇所ごとや走行距離による振動乗り心地の悪化を早期に把握することができ，車両部品やインフラ設備の保守などの対応が行われる．

また，振動乗り心地状態監視システム以外にも軌道の高低，軌間，平面性などを車上に搭載した装置で計測したり，トロリ線の摩耗，偏位・高さを測定したり

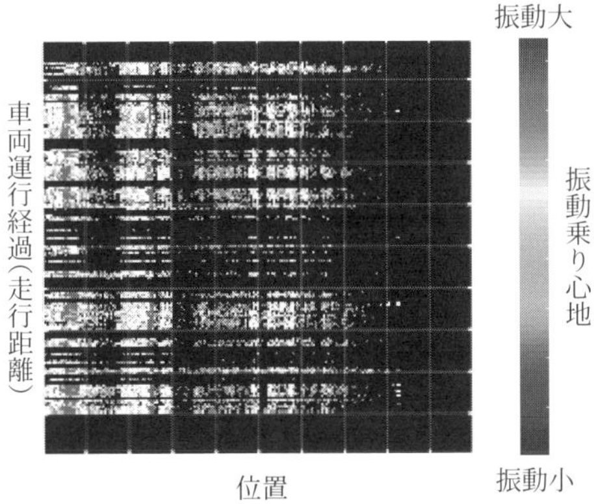

図 4.17 ｜振動乗り心地の可視化例

する装置が実用化されている．

4.4 情報通信技術を活用した ATO

自動列車運転装置 ATO（Automatic Train Operation）は，運転士に代わり列車を自動的に走行させるシステムである．このため，ベテラン運転士の巧みな運転技術を ATO に取り込み，滑らかで乗り心地がよく，省エネルギーで，正確な走行制御を行うように進化してきた．こうした制御方式も，情報通信技術によって，より高度な運転制御へと発展しつつある．

（1）ATO の基本的な仕組み

図 4.18 に，自動運転装置の分類と一般的な自動運転によるランカーブを示す．駅を出発して ATC 制限速度に追随して走行する区間を「定速運転」とし，駅停止用の地上子から駅に停止するまでを TASC（Train Automatic Stop Control）とする．このうち，定速運転区間を運転制御する装置が「定速運転装置」であり，TASC 区間を運転制御するのが「TASC 装置」である．いわゆる「自動列車運転装置 ATO（Automatic Train Operation）」は，駅間走行全体を運転制御する．

また，ATO 装置は，ワンマン運転タイプと無人運転タイプに分けられ，ワンマン運転タイプでは，運転士が乗務し，出発押しボタンを押下することで ATO

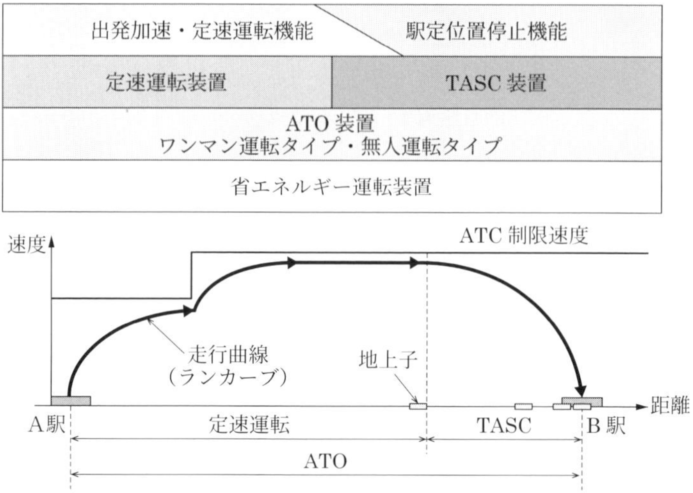

図 4.18 | 自動運転装置の分類

が駅間走行を行う．無人運転タイプでは，乗務員は乗務しておらず，地上からの遠隔指令により ATO が駅間走行を行う．

一般的なワンマンタイプの ATO 装置では，運転士が，戸閉確認と出発信号を確認し，出発押しボタンを押す．これにより，ATO は徐々に滑らかに加速を開始し，やがて最大加速度で加速していく．

ATC による制限速度の一定下に ATO の目標速度が設定されている．列車がこの目標速度に近づくと，ATO は加速度を徐々に弱め，目標速度に達したときにちょうど加速度が 0 になるように制御される．これにより，目標速度到達時点で定速走行に移行することができる．

目標速度に追随する定速走行区間では，勾配などその路線条件に適合したバランスノッチが選択されるように制御されていく．

ATC の信号現示が変化すると，それに伴って ATO の目標速度も変化する．目標速度が変化すると，その新たな目標速度に向かって加速もしくは減速され，同様に目標速度に近接すると，加減速度を弱め目標速度上では 0 になるように制御される．

ATC の信号現示が恒常的に下位に変わる地点では，その直前に減速地上子が設置されており，これを ATO が受信すると ATC によるブレーキが動作する前にあらかじめATOによる緩和ブレーキが動作し，急激な減速動作が起きないようにしてある．

やがて駅に近づくと，駅の定位置停止用地上子の最外方地上子を踏み，これによりATO内に駅の定位置停止用パターンが発生する．ATOはこの停止パターンに追随するように減速制御を行い，所定の定位置に正確に停止するように制御を行っていく．定位置地上子は，途中で位置補正を行うために，一般的には，P3，P2，P1，P0というように複数設置される．

図4.19にワンマンタイプATOの基本構成図を示す．ATOは，ATCより信号現示を入力し，目標速度を設定する．速度は，速度発電機からのパルス信号を入力し，位置，速度，加減速度を検知する．ATOの走行開始のために，ATO出発押しボタンを入力している．また，地上子からの地点信号を入力するために，トランスポンダ受信機と接続されている．

最近のシステムでは，ATOからの力行，ブレーキの走行制御指令は，まずTCMSに送られ，そこから各車両の推進制御装置やブレーキ制御装置に伝送され，列車の走行が行われる．

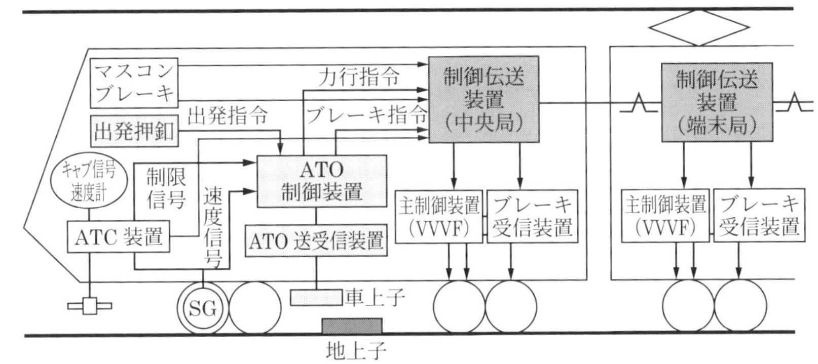

図4.19 | ATO装置（ワンマン運転）の基本構成例

図4.20に無人運転タイプATOの基本構成図を示す．無人運転タイプでは乗務員が乗務していないため，駅間走行のほか，ドア，室内灯，空調，車内案内など多くの制御機能を持っている．

上記で述べたように，従来の自動運転装置ATOは，ATCによる制限速度の一定下を一定速度（定速走行）で走行させるのが一般的であった．しかし，下り勾配区間ではブレーキを掛けて速度を抑えたり，上り勾配区間では力行して速度を維持したりするなど，機械的な操作によって無駄なエネルギーを消費してしまうことが多かった．しかし，情報通信技術の進展により，勾配などの地形を利用したり，惰行運転を活用したりして，より省エネで効率的な駅間走行が実現できるようになってきた．

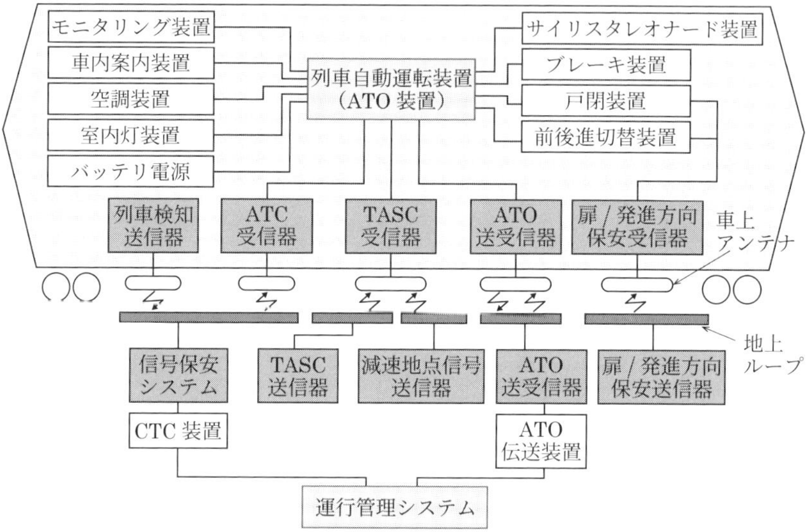

図 4.20 ｜ 無人運転 ATO の基本構成例

(2) 地形を利用した省エネ走行

下り勾配であれば，惰行運転において列車は自然に加速し，上り勾配であれば，自然に減速する．そのため，各駅間において，地形データ（勾配，曲線）と制限速度データを与えて，列車走行シミュレーションを繰り返し，力行およびブレーキの開始，終了点をそれぞれ調整することにより，最適な（駅間走行時分，エネルギー消費）駅間走行曲線（ランカーブ）を求めることができる．このデータを車上の ATO 装置に格納すれば，ATO は路線上の在線位置をリアルタイムに把握し，これを走行制御に適用していくことで，あらかじめ定められたランカーブ通りに列車を走行させることが可能となる．

なお，勾配による列車の加減速度は，乗車率などの列車重量には依存しないため，常に計算通りの走行が実現できる．

この典型的な駅間走行例を**図 4.21** に示す．この例では，駅間に河川などによる大深度区間が存在しており，列車は下り勾配を利用して加速し，やがて上り勾配を利用して減速し，惰行運転を多用した省エネ運転を実現している．

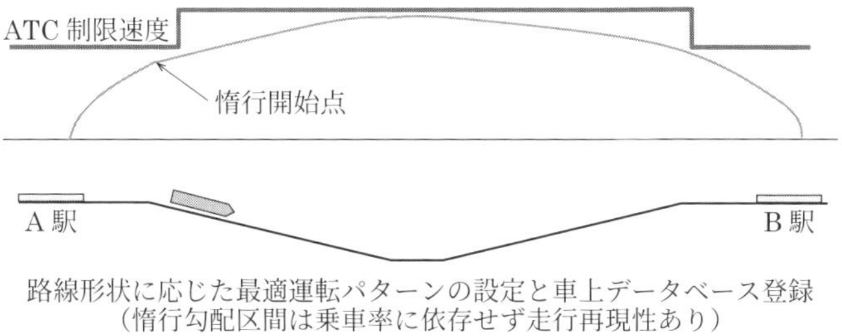

図 4.21 ｜惰行運転を活用した計画運転

(3) 定時間省エネ走行

駅間運転時分があらかじめ定められている場合，運転方法によって，より省エネとなる駅間走行制御が実現できる．

一般的な方法としては，駅出発時に最大加速度で目標速度まで加速し，制限速度近傍までできるだけ高速度で定速走行をキープする．定速走行中は常にその地点から惰行制御に移行した場合の次駅到着予想時分を計算しており，ちょうど停止時分となる惰行開始点に到達した時点で惰行制御に移行する．次駅停止予想時間が外れない限り惰行運転を継続し，TASC 区間に入ればできるだけ高減速度で停止する．こうした運転制御により，駅間走行時分をキープしつつ省エネ運転走行ができるようになる．これは一般的な地下鉄でも有効ではあるが，新幹線のような長駅間距離の場合に，より有効的である（**図 4.22** 参照）．

(4) 運行管理システムとの連携

欧州では，平面的な鉄道ネットワークが発達しており，大駅やジャンクションに複数の列車が集中する傾向がある．そこでは，中，長距離列車は特に，必ずしもダイヤ通りに正確に到着しないため，入線の順番待ちで機外停止を余儀なくされることがある．

そこで最新の運行管理システムでは，各列車の運行をリアルタイムに把握し，

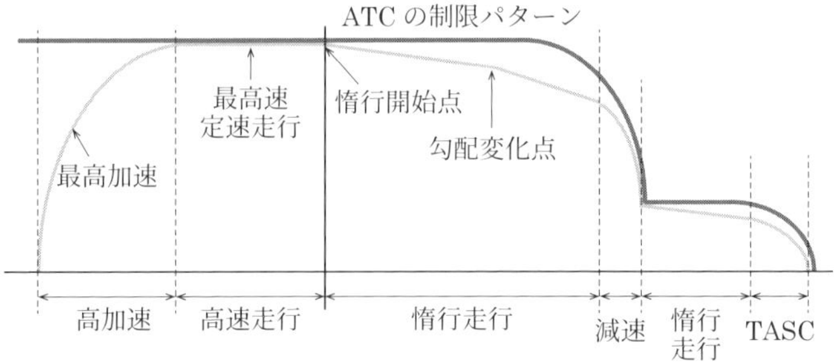

・駅間定時刻運転
（走行予測による惰行開始点演算）
・高精度高速定速走行制御
・惰行による省エネ走行

図 4.22 │ 定時間省エネ運転のモード

運行予測を行うことで，全体の運行をスムーズに行おうとする試みが行われている．

ここでは列車の動きを予測し，競合が発生する列車間で最適な走行パターンを生成し，走行計画を立てる．この計画を各列車のATOに伝達し，その通りに走行させることで，全体がスムーズに運転できるようにしている．

具体的には，各列車に対し「ターゲットポイント」を伝達する．各ターゲットポイントは，その地点（位置）到達時の列車速度，到達時分が含まれている．ターゲットポイントを受信したATOは，そのデータに基づき，ターゲットポイントに至る列車のランカーブを設定する．その後，ATOは，このランカーブに従って列車走行させることで，予定通りにターゲットポイントを通過させることができる．

こうした仕組みを実現することで，全体としてスムーズな列車運行が実現できることになる（**図 4.23** 参照）．

(5) 運転支援装置（DAS）

上記例では，ATOによる走行制御を行うことで正確に列車の運行管理が実現されたが，中にはATOを搭載していない列車も存在する．その場合の対応策として，運転支援装置（Driver Assistance System：DAS）の装備が考えられている．これは，運行管理システムからATOにではなく，DASに対し同一のターゲットポイントデータを伝達するものである．DASはこれを受信すると，

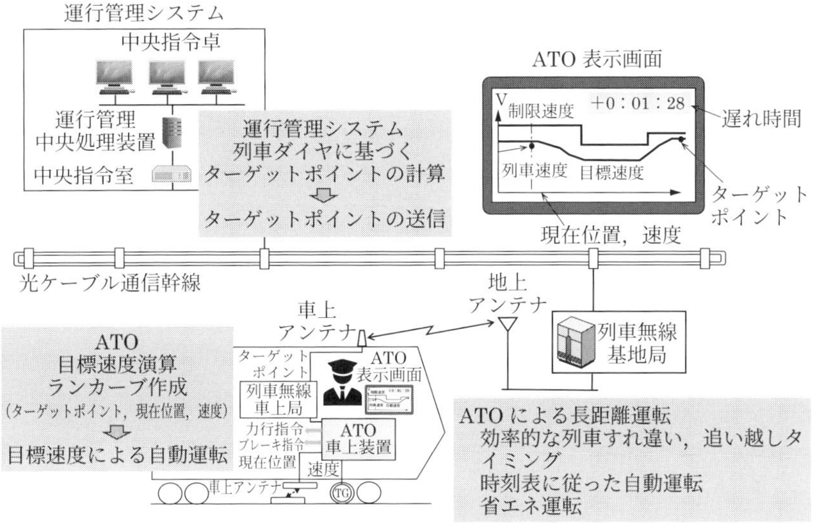

図 4.23 ｜運行管理システムと連携した ATO

ATO と同様にターゲットポイントに至るランカーブを自動生成し，これを運転台ディスプレイに表示する．運転士は，この指示された表示に従って列車を運転することにより，同様に正確にターゲットポイントに列車を到達させることができる．

このように，ATO の代わりに DAS を装備することにより，同等の効果が得られ，すべての列車に対し，スムーズな運行が実現できることになる．

図 4.23 において，図中の文字“ATO 表示画面”を“DAS 表示画面”に，“ATO 車上装置”を“運転士”に置き換えることができ，同等の構成で「運行管理システムと連携した DAS」機能が実現できる．

第5章

列車伝送系と国際規格

列車伝送系は，列車内のさまざまな機器を相互に接続するばかりでなく，車両間，編成間，さらには異なる列車間を接続する必要もあることから，その標準化は必須の課題であった．特に欧州においては，国際列車の相互運用のために，早くから列車伝送系の国際規格化が図られてきた．本章では，国際規格の基本的仕組みと初の列車伝送系専用国際規格，およびそこに至る技術的経緯について述べる．

5.1 国際規格と審議体制

(1) 国際規格と日本

ISO 14001やISO 9001適合済みなどといった表記で，すでに身近となっている国際規格であるが，鉄道分野においてもその影響力は大きくなりつつある．車両に搭載される各種の電気部品の規格や衝撃・振動試験規格など，鉄道関連国際規格のJIS化も着実に進みつつある．こうした背景には，1995年に設立された世界貿易機構（WTO）の「貿易の技術的障害に関する協定（TBT協定)」の存在がある．日本は設立当初よりWTOに加盟しており，このTBT協定を遵守する義務がある．

TBT協定では，物やサービスの国際的流通においては，強制規格や任意規格が必要な場合には，国際規格をその基礎として用いることを求めている．これにより，国内規格を国際規格に整合化させると共に，国際標準化に取り組むことは，鉄道産業や国内鉄道事業の持続的な発展に欠くことのできないものとなってきている．

(2) ISOとIECおよび関連組織

産業，工業分野の国際規格の制定機関としては，ISO（国際標準化機構）とIEC（国際電気標準会議）があり，両者は協調して業務を進めている．このうち，電気・電子技術分野をIECが，そのほかをISOが分担して規格開発を行っている．また，両者に跨るものもあり，ISO/IECと併記される規格がある．

IECには，正会員として62か国（2022年1月時点）が投票権を持つ最高意思決定機関であるIEC総会と，その下にある標準管理評議会SMB（Standardization Management Board），さらに個別の規格文書の開発を行っている専門委員会TC（Technical Committee）および分科委員会SC（Technical Subcommittee）が設置されている．

各TC/SCは，TC/SC内のすべての事案への投票義務を負って，業務に積極的に参加し，会議に出席するPメンバー（Participating member）と，文書の配布を受け，コメントの提出とオブザーバーとして出席の権利をもつOメンバー（Observer member）で構成される．

IECには担当分野別に212のTC/SCがあるが（2022年1月時点），鉄道分野を担当しているのがTC 9（鉄道電気設備とシステム専門委員会）である．TC 9はPメンバー31か国およびOメンバー12か国が参加している（2022年1月時点）．さらにTC 9の中に規格開発テーマごとにWG（Working Group，作業グループ）が設置され実際の規格文書の作成作業にあたっている．各WGは，全体を取りまとめる「コンビーナ」と各国からの専門家である「エキスパート」により構成される．

(3) 国際規格の国内審議体制

日本におけるISO/IECへの参加機関は経済産業省が事務局を務めるJISC（日本産業標準調査会）であり，そのもとでISO/IECの各TC/SCでの国際規格案などの審議を引き受ける組織（国内審議団体）が国内審議委員会を運営している．

IEC/TC 9については，鉄道総研（公益財団法人鉄道総合技術研究所）が国内審議団体を引き受け，鉄道事業者，メーカー，研究機関，政府，大学，関連団体からの代表が参加しているIEC/TC 9国内委員会を運営している．その下に特定の作業を行う各種「作業部会」が設置され，国内の専門家を集めて，個別の規格内容の検討など具体的な作業を行っている．

(4) 国際規格開発の手順

IEC 規格として成立させるためには，一定の手順を踏み各段階で各国投票の賛成により承認されなければならない．以下の手順のほか，一部の手順を省略できる迅速手順（Fast-track procedure）などもあるが，ここでは最も標準的な手続きについて述べる（**図 5.1** 参照）．

図 5.1 | 国際規格の開発手順

(a) 提案段階 NP

新規に規格を開発しようとすれば，最初の手続きとして NP（New work item Proposal：新規業務項目提案）を提出し，TC メンバーへの 12 週間の投票において，投票した P メンバーの 2/3 の賛成を得る必要がある．このとき同時にエキスパートも募集され，賛成投票した P メンバーから 5 か国以上がエキスパート（専門家）を指名するという条件も満たさなくてはならない．新規提案が可能なのは，基本的に各国の国内委員会である．したがって，不特定の企業などが勝手に提案することはできず，まず各国内で支持を得る必要がある．

NP には，規格の適用範囲，目的，正当性，スケジュールの記入欄があり，可決されるためには，まずこれらを明確に提示する必要がある．この中で具体的に，規格化を行う理由と目的，規格化の実現性検証，規格化を直ちに行うべき緊急性，規格化を行うことによる利益などについて記すことで規格開発の必要性をアピールする．

NP の承認以降，以下の作業は所定の期限内に終了しなければならないと定められている．これにより規格審議の迅速化が図られている．

（b）作成段階 WD

NP が可決されると，次にコンビーナが指名され WG が結成される．この WG により，NP で示されたスコープ（適用範囲）に従って WD（Working Draft：作業原案）が作成される．

WD は WG 内で審議され，まとまった段階で CD（Committee Draft：委員会原案）として TC のメンバーに回付される．これを IEC 中央事務局（CO）が登録した時点で作成段階は終了する．

（c）委員会段階 CD

委員会段階では，CD が TC のメンバーに回付され各国からのコメントが求められる．コメント期間は 8，12 または 16 週間のいずれかが選択される．WG 内において各国コメントを検討して，コンセンサスを得るための作業が行われる．コンセンサスが得られれば，その結果を集約して CD を改訂し，CDV（Committee Draft for Vote：投票用委員会原案）として CO が登録した時点で委員会段階は終了する．この段階では，すでに各国意見を集約したものとなっており，規格文書としての完成度はかなり高いものとなっている．

（d）照会段階 CDV

照会段階では，CO から IEC のすべての参加国に CDV が回付され，12 週間の投票が行われる．投票した P メンバーの 2/3 以上が賛成し，かつ，IEC の正会員投票総数のうち反対が 1/4 以下であれば承認され，修正のうえ FDIS（Final Draft International Standard：最終国際規格案）に登録される．

（e）承認段階 FDIS

承認段階では，CO から IEC のすべての参加国に FDIS が回付され，6 週間の投票が行われる．投票した P メンバーの 2/3 以上の賛成かつ反対が投票総数の 1/4 以下であることで承認される．FDIS 投票では，コメントは提出できるが，技術的な内容についての修正は認められず，承認後は，表現上の改善や明らかなエラー訂正のみが許される．

(f) 発行段階 IS

発行段階は，CO が IS（International Standard：国際規格）を発行する段階である．CO は TC/SC 幹事国から指摘された誤りを 6 週間以内に修正し，IS を印刷して配布する．発行段階は IS が発行された時点で終了する．

以上の手続きを完了させることで，ようやく IS として成立することになる．NP の承認から IS 発行までに要する標準期間は約 3 年である．ほかの業界標準などと比べ，規格開発に時間が掛かるのが欠点であるが，(a) 公開されたルール（ISO/IEC 専門業務用指針（ISO/IEC Directives））を用いて，(b) 基本原則として（多数決でなく）コンセンサス重視の方針で合意形成のための議論に時間をかけ，(c) 投票結果や関連する文書（原案，各国意見など）の記録を保存・公開する（例えば IEC の Web サイト）などの特徴が，国際的な標準としての権威を得るのに貢献していると考えられる．

コラム｜規格化活動における日本の立場

日本には，実にさまざまな鉄道事業者とメーカーが存在しており，多様な意見や利害関係を有している．しかしながら，総体としての日本国内委員会（Japanese National Committee）は国際規格の決議の場では 1 票分の権利しか行使することができない．欧州では，多くの国々と欧州全域にまたがる 3 大メーカーを中心とする欧州連合が，まずは欧州規格を定め，次にそれを国際規格として提案してくることが多くある．この中で単なる数の論理に立てば，圧倒的多数を占める欧州勢の中で 1 票しか持たない日本は成す術もなく，単に無視されておしまいという事態にもなりかねない．こうした中で，いかに日本からの提案や主張を実現していくかが大きな課題となる．

このための最も有力な対応手段としては，日本から率先して新規提案（NP 提出）を行い，コンビーナやリーダーに立候補することである．そうすることで日本が主導権を握り，日本案に沿った規格ができあがる可能性が高まる．いったん NP が可決されれば，基本は NP で記述されている内容に従ったものとなり，そこでの修正や追加事項はあくまで基本を損なわない補足的なものとならざるを得ないからである．

ECN 規格（詳細は後述する）の審議では日本がリーダーとなったことから，日本が主体となり作業原案（WD）を作成し，これに対してコメントを求めるかたちをとることができた．修正や追加はすべてリーダーの見解のもとに行われ（すべてのコメント項目にはコンビーナもしくはリーダーの見解を記す欄があり，これが各コメントに対する WG の結論となる），大筋が変更されることもなく，CD の作成についても日本主体で編集を行うことができた．

一方，他国がコンビーナあるいはリーダーとなっている場合には，投票に持ち込まれる以前から十分な対応処置を行っておく必要がある．すなわち，まずは NP，WD，CD の各段階で必要十分なコメントを提示することである．WG の国際会議において，各国から提示されたコメントは必ず審議されることになるため，ここで社会的・文化的背景の違いを超えて，論理的で十分に説得力のある議論をすることが重要である．この中で規格化推進に貢献している，あるいは前向きな意見であると認められれば，その意見が反映されることになる．逆に，単純に正面切って反対を表明し，規格化を推進する立場からの反発を買ったのでは意味がないといえる．

これが 1 票しか持たない日本が，実質的に意見を反映させるための最も正統的な手段であろう．場合によっては有力なエキスパートに対し，事前に根回しを行うことが有効なこともあるが，あくまでも主戦場は WG 国際会議の場であると心得て，そこで十分に議論し，納得させる必要がある．

5.2 列車伝送系国際規格の経緯

コンピュータ技術の進展と共に，伝送系の規格も早くから制定されてきたが，そのままでは鉄道車両での制御監視システムの用途に適用できなかった．これらを鉄道車両に適用しようとすれば車両特有の条件を考慮したものにしなければならない．これに対し 1980 年代後半から欧州諸国を中心に，列車編成の分割・併合が頻繁に行われる国際列車において制御監視システムのインターオペラビリティ（相互運用性）を保証する列車用伝送系の規格化作業が始まった．これは，国際列車の分割・併合によっても伝送系再構成，機能の継続に対応できる標準の列車伝送系を定めようというものである．1990 年代を通じて規格の具体化作業が進展し，1999 年には TCN（Train Communication Network）の国際規格 IEC 61375-1:1999 が成立するに至った．これが鉄道車両用伝送系の国際規格としては初のものである．

その後，2007 年に改訂され，IEC 61375-1:2007 および IEC 61375-2:2007 の 2 部構成にて発行された．パート 1 が伝送系の仕様，パート 2 がその仕様への適合性試験（Conformance Test）である．パート 1 だけでも 600 頁を越える膨大なものとなった．日本にとって，これだけ詳細に規定された規格を忠実に守って欧州の国際列車レベルのインターオペラビリティを実現するのは至難の業である．これは，規格の開発に参加していない他メーカーの参入が容易にはできないという面では，実質的な障壁となっていた．現に，中国市場でこの伝送規格が仕様として明記されたことにより，日本のメーカーが受注したシステムでは伝送装置については欧州メーカーから調達して凌がなければならなかったといったことも起きていた．

コラム｜IEC 61375-1:1999 NP から FDIS 承認まで

1980 年代に，世界各国の国鉄などの鉄道事業者の団体である UIC（国際鉄道連合）より，欧州の国際列車に適用するための列車内通信仕様の開発要請が（欧州の鉄道産業界へ）出された．欧州の国際列車は機関車けん引の客車列車で，通過する各国において，各種車両の分割・併合が頻繁に行われる．各車両は UIC の標準（UIC リーフレットと呼ばれる）により規定された 13 心の連結ケーブルで結ばれるが，心数の制約から，その機能はドア閉，照明入り切り，放送回路などの基本的な指令機能に限られていた．

この要請を受けて，欧州メーカー 4 社 ABB（スイス），AEG（ドイツ），SIEMENS（ドイツ），FIREMA（イタリア）による共同開発プロジェクト（Joint Development Project：JDP）が TCN と名付けたネットワーク技術（の初期版）を開発した（1990 年）．この技術開発と並行して標準化を進めるため IEC/TC 9 に新規格提案（NP）がなされた（1988 年）．

NP 投票の承認により WD 作成作業が開始され，（最初の）CD の回付が 1992 年，（やり直した）セカンド CD の回付が 1994 年，CDV の準備作業は 1996 年まで続き，CDV の投票は 1997 年に行われた．

CDV 投票の結果は，P メンバーによる投票総数 21 のうち，賛成 17（ドイツ，イタリア，スイス，スウェーデンなど），反対 4（日本，フランス，米国，カナダ）となり，2/3 以上の賛成（17/21＝0.81＞0.67），1/4 以下の反対（4/21＝0.19

<0.25）という可決基準を満たし，CDV は承認された．

反対した 4 か国は，理由として以下のコメントを提出している（主な論点）．

・日本：特定地域に適用される標準を国際規格とすべきでない．通信プロセッサは JDP から購入するほかなく，JDP は規格化により市場を独占する．

・フランス：世界の既存の通信ネットワークとの相互接続性を考慮すべきである．

　TCN：イタリア・ドイツ・スイスなど

　FIP：ベルギー・英国・スペイン・フランス

　LONWORKS：米国・カナダの貨物列車（AAR 標準）

　MONx：日本の新幹線のモニタリングシステム

・米国：欧州の TCN に加えて米国で使われている LONWORKS も国際規格に盛り込むべき．また，開発途中，改訂途中の規格を投票にかけるのがよいとは考えない．

・カナダ：電子コントローラには（開発者の）所有権があり，市場独占を助長する．

1997 年 10 月に開催された TC 9 総会では，既存の方式との相互接続性に関する懸念や，十分なコンセンサスに基づいていないという審議過程に対する疑念が複数国から提起され，議論の結果，FDIS 最終ドラフトでは規格の適用範囲の表現を修正すること，また，その修正内容を検討するための編集委員会を設置することが決議された．

この修正を経て，FDIS 投票が 1999 年に行われた．FDIS 投票の結果は，P メンバーによる投票総数 19 のうち，賛成 18，反対 1（フランス，反対理由は CDV 投票と同じ）となり，2/3 以上の賛成（18/19＝0.95>0.67），1/4 以下の反対（1/19＝0.05<0.25）という可決基準を満たし，FDIS が承認された．なお，日本，米国，カナダは棄権した．

なお，IEC における規格開発の標準期間が 3 年とされているのに対し，本件の開発期間は 10 年を超えており，例外的な長期プロジェクトであった．

5.3 WTB と MVB の概要

（1）WTB と MVB の階層構造

最初に制定された TCN 規格では，2 種類の異なる伝送系が規定されている．

列車内伝送系の WTB（Wire Train Bus）と車両内伝送系の MVB（Multi-function Vehicle Bus）である．このうち WTB は，特に列車の分割・併合にダイナミックに対応できることを主眼に設計されたものである．このため WTB は，列車の分割・併合を検知する手段をあわせ持っている．一方，MVB は車両内もしくは固定編成内での伝送系として設計されている（**図 5.2** 参照）．

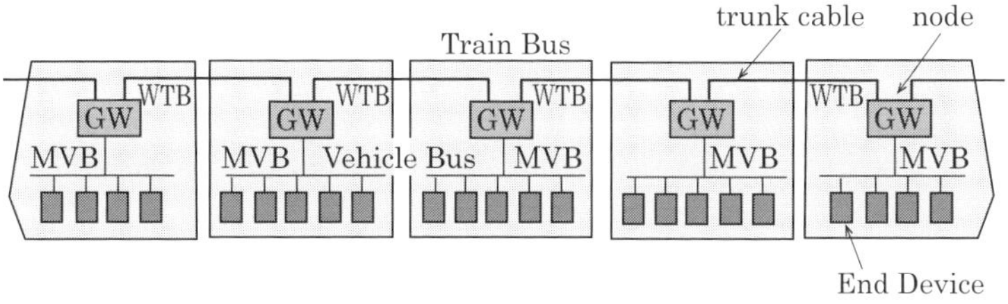

図 5.2 ｜ WTB と MVB の階層構造

両者の基本仕様および日本で車両内の機器間伝送の標準として用いられている RS485 による HDLC 伝送系との比較を**表 5.1** に示す．

WTB は，フレーム構造には一般的な HDLC フォーマットを用いているが，電気的仕様は列車内を引き通すためにやや特殊な 10 $V_{p\text{-}p}$ の信号出力を持つマンチェスター符号による伝送方式としている．一方 MVB は，電気的仕様にはマンチェスター符号による RS485 を基本とし，ほかに光ファイバ伝送，WTB と同様の 10 $V_{p\text{-}p}$ 送信出力の 3 タイプから選択できるようになっている．フレーム構造は HDLC に類似しているが，デリミタ（区切り符号）付きのやや特殊なフォーマットを採用している．

（2）WTB の基本仕様

（a）フレーム構成

WTB のフレーム構成は，基本的には図 3.7 で示した HDLC フレームとなっている．

WTB では，この信号にマンチェスター符号化を加えている．マンチェスター符号は，1 を 01，0 を 10 のように反転する 1 組の符号に置き換える．電圧では，1 が LH，0 が HL となる．これによって必ず信号レベル変化が起こり，エッジが生成されると共に，特定の基本周波数成分を持った交流信号成分を持つ

表 5.1 ｜ WTB と MVB および日本標準の基本仕様

項目	WTB（列車伝送系）	MVB（車内伝送系）	日本の機器間伝送系
構成	列車分割・併合で再構成	固定編成内	車両内
伝送媒体	シールド付きツイストペア電線 (0.75 mm^2，ジャンパ部 1.34 mm^2) 最大長 860 m，32 ノード 120Ω 終端	・RS-485 最大 20 m，32 ノード ・トランス絶縁シールド付き ツイストペア 最大 200 m，32 ノード ・光ファイバ最大 2 000 m，2 ノード	RS-485 最大 20 m，32 ノード
冗長性	2 重系	2 重系（オプション）	2 重系（オプション）
信号	マンチェスター符号 ブリアンブル付き HDLC フレームフォーマット	マンチェスター符号 デリミッター付き	プリアンブル付き HDLC フレームフォーマット
伝送速度	1 Mbps	1.5 Mbps	最大 1 Mbps
アドレス空間	8 bit	12 bit	8 bit
接続方針	ポイントツーポイント，同報	ポイントツーポイント，同報	ポイントツーポイント，同報
フレームサイズ	4-132 オクテット	データ部 16，32，64，128，256 bit のいずれか	任意
エラー検出	FCS-16	IEC 60870（8 bit）	FCS-16

こととなり，列車間伝送で重要なトランスによる絶縁回路を構成しつつ信号が取り出せるようになっている（図 3.6 参照）．

(b) 伝送路

WTB の伝送路は，引き通しケーブル（trunk cable）とジャンパケーブルおよび，太いケーブルがノードまで通らない場合などに，引き通しケーブルに挿入される拡張ケーブル（extension cable）で構成され，シールド付きツイストペアケーブルのマルチドロップ接続となっている．マルチドロップのため列車長に比例して負荷が増え，伝送速度の制限を与えている．伝送信号波形は $10\ \mathrm{V_{p\text{-}p}}$ となっており，これで耐ノイズ性および接続部の接触抵抗に対応している．また，内部回路と伝送路とは上記トランスにより絶縁されている．

ただし，ジャンパ連結部においては，既存のジャンパケーブルが使用できるよ

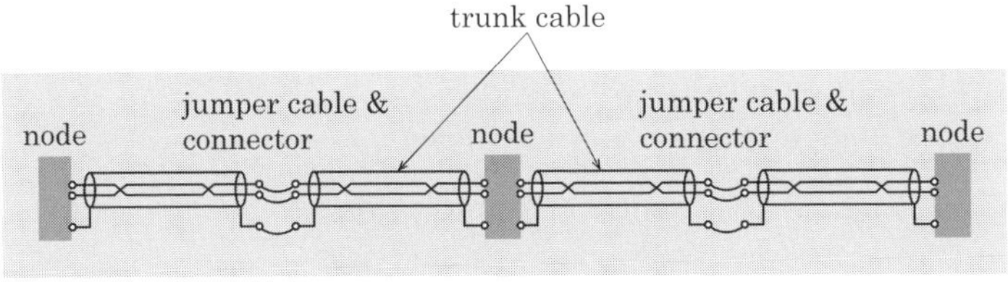

図 5.3 ｜ WTB の伝送路

うに，いったんシールドを外し，電線で接続している．これは信号レベルが 10 V と高いこと，伝送速度が 1 Mbps と比較的低いこと，実証試験からシールドを外しても十分に実用になると判断されたためである（**図 5.3** 参照）．

(c) マルチドロップ接続

WTB では列車の分割・併合に対応するために各ノードが主系（Main Channel）と補助系（Auxiliary Channel）の二つの伝送制御部を持っている．これらのうち，列車両端部の接続検知には補助系が用いられ，連結待ちを行う．各主系が列車内伝送系を受け持ち，中間車ではマルチドロップ接続され補助系はスタンバイとなる．これらにより 1 本の列車の伝送系が構成される（**図 5.4** 参照）．

マルチドロップ方式の利点として，同報通信が容易に行える点がある．すなわち，伝送路がすべての端末に接続されているため，1 か所からの送信データがほぼ同時に全端末に同報される．これは，先頭車両運転台からの制御指令を全端末に同時に伝達できる点で，比較的低速な伝送路によっても十分その機能を果たすことができ，開発当時としては現実的な方式であった．

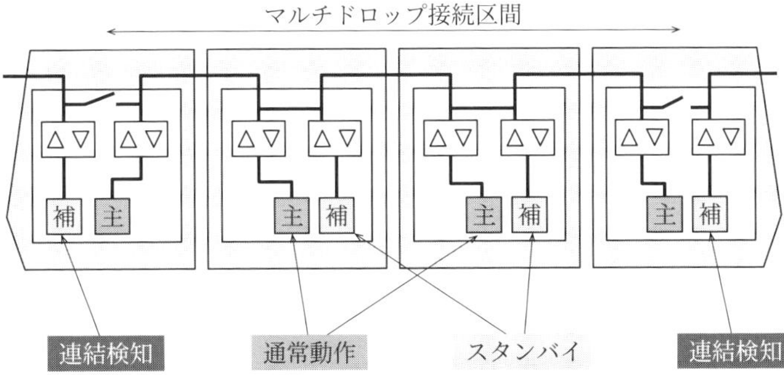

図 5.4 ｜ WTB のマルチドロップ接続

(3) MVBの基本仕様

MVB（Multifunction Vehicle Bus）は主として車両内の機器間伝送を担い，伝送系構成は固定である．MVBの物理層としては，20 m以下のRS-485短距離型，200 m以下のトランス結合のツイストペアシールド付き中距離型，2 000 m以下の光ファイバ長距離型の3種類があり，必要に応じて選択できるが，基本はRS-485である．

MVBのフレーム構成を**図5.5**に示す．WTBのHDLCフレームに対し異なる特徴として，MVBでは，アドレス幅が12ビットであること，データ64ビットごとにCS（Check Sequence）が挿入され各8ビットであること，フラグの代わりにデリミタが用いられるなどの違いがある．

データリンクレベルでの基本シーケンスは親局からのポーリング方式となり，マスターフレームの送信要求に対し，スレーブフレームで応答を返す．マスターフレームで指定したアドレス局に対し，Fコードでデータタイプとサイズを指定する．スレーブフレームのデータサイズは固定長で，16，32，64，128，256ビットの5種類のいずれかである．WTBと同様に，これらデータはマンチェスター符号化がなされ，ビット同期のエッジを付加すると共に交流信号化することでトランス結合を可能にしている．

物理層とデータリンク層はMVB特有のものであるが，それより上層のリアルタイムプロトコル層はWTBと共通であり，上位レベルでは両者を区別することなくシームレスに扱うことができるようになっている．

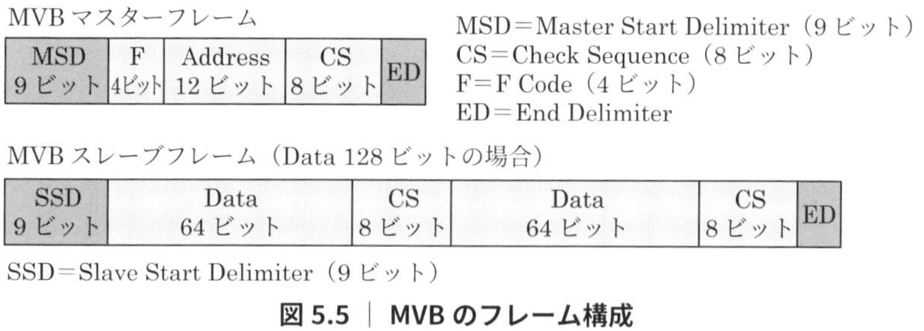

図5.5　MVBのフレーム構成

(4) 上位階層の共通化

列車内ネットワークはWTBとMVBとを組み合わせることで構成され，しかも列車の分割・併合に伴いダイナミックに変化する．その中でデータは任意のノード間をシームレスに行き来できなければならない．そのため WTB と MVB では物理層とデータリンク層こそ異なるものの，それより上位の階層では「リアルタイムプロトコル」という共通のミドルウェアを採用することで一貫性を保っている．これは，載るべき船やトラックは異なっても，搭載されるコンテナをそのまま載せ換えることで目的地に到着させることができるようなものである．リアルタイムプロトコルは伝送系構成に従って，「プロセスデータ」と「メッセージデータ」の情報源と宛て先および伝達経路を管理するほか，その前提となる伝送系の再構成（列車の分割・併合に伴いダイナミックに変化する）についても管理している（**図 5.6** 参照）．

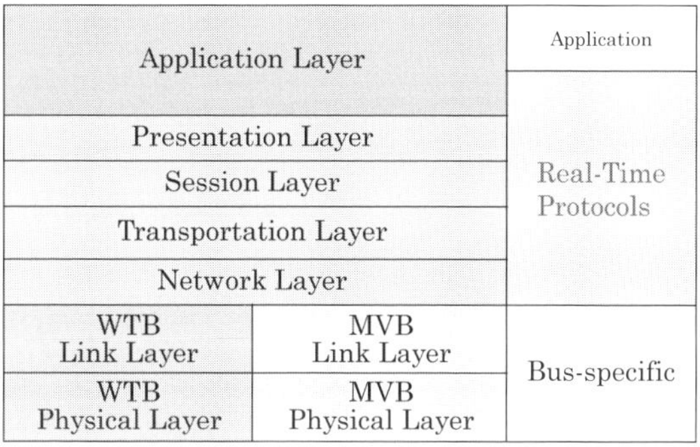

図 5.6 ｜ 上位階層の共通化

5.4 列車の分割・併合対応

列車伝送系としての WTB 最大の特徴が，列車の分割と併合といった編成構成の変化に対応し，ダイナミックに伝送系の再構成を果たすことにある．このため，各 WTB ノードは主系と補助系の二つの独立した伝送制御局を持ち，列車編成の前端または後端となったノード（端部ノード，End Node）は列車内伝送系と連結検知機能の両機能を分担して担うことになる．

(1) 列車の併合

列車内の各 WTB ノードは，マスター（親局）とスレーブ（子局）に分けられ，マスターはさらに強いマスター（Strong Master）と弱いマスター（Weak Master）に分けられる．すべてのマスターは真の親局（強いマスター）になる権利を持つが，実際に強いマスターとなれるのは編成中ただ 1 局のみである．

図 5.7 において最初二つの編成があり，それぞれ 1 号車側に強いマスターが存在している．また，すべてのマスターは端部ノードとなり，補助系を連結検知用に動作させている．

この 2 編成が連結されると，連結面の補助系が連結を検知し，相互の編成情報を交換する．次に連結後の編成において強いマスターが唯一決定され，この下で編成内の伝送系再構成を行う．連結面となった端末は，中間車ノード（Intermediate Node）の動作となり，その連結検知用補助系はスタンバイ状態に移行する．

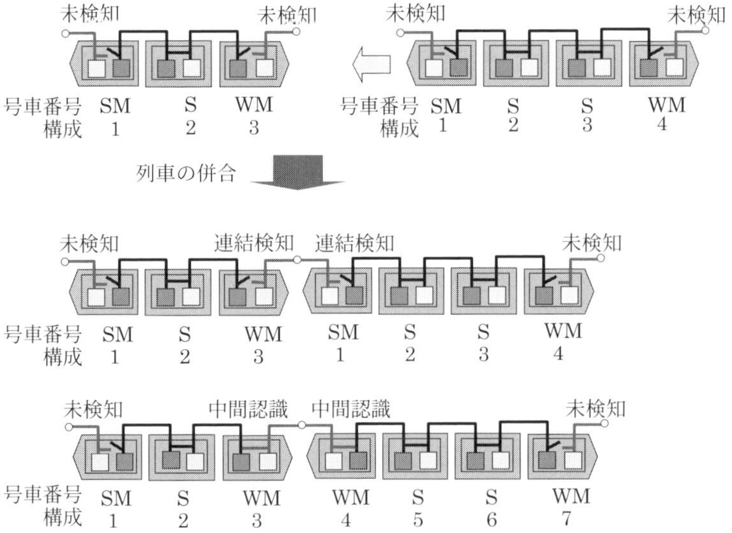

図 5.7 ｜列車の併合と伝送系再構成

(2) 列車の分割

列車が分割されると，強いマスターが存在しない側の編成では新たな強いマスターが生成される．次に強いマスターから伝送系の再構成指令が出され，分割面の端末へ連結検知のための補助系動作が指令される（**図 5.8** 参照）．

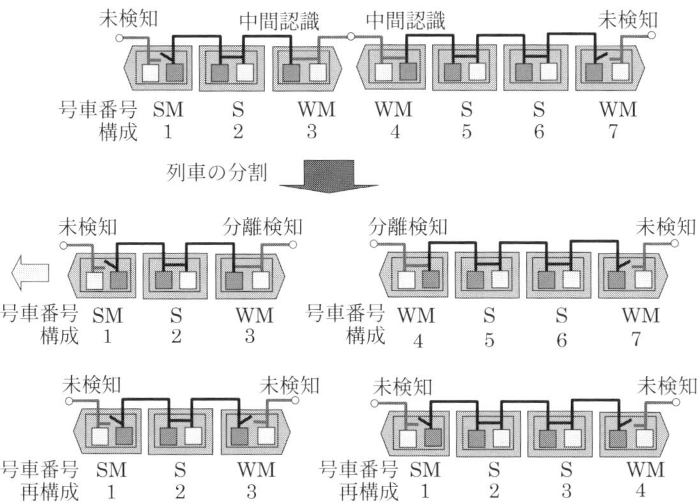

図 5.8 ｜ 列車の分割と伝送系再構成

(3) 連結器の接触不良対策

列車の連結器の低圧コネクタには通常 DC 100 V（欧州では DC 110 V）が加圧される．ここに伝送信号として加圧が 10 V 以下でしかも微少電流しか流れない場合，接続前に長期間開放のまま放置されていれば，コネクタ接触表面に発生した絶縁酸化被膜がたとえ微小であっても，接続時にこれを破れないケースが出てくることがある．このとき伝送路はジャンパコネクタ部で切断された形となり，実際には連結されているにもかかわらず，正常に伝送路が構成されないという事態が発生する．

こうした事態への対策として用いられるのがいわゆる「フリッティング」である．フリッティング（fritting）とは，ジャンパなどの接合部に一時的に高い電圧を印加し酸化皮膜を破壊し導通性を回復させるものである．WTB ではこのフリッティング手段がオプションとして用意されており，各ノード間にフリッティング回路を構成した後，印加電圧 DC 48 V，パルス幅 0.5～5 ms の方形波を必要な回数印加する．

5.5 冗長系構成

列車の制御を司る中枢システムともなれば，一部の異常発生によるシステムダウンは何としてでも避けなければならない．この対策として一般的に用いられるのが以下の冗長系構成の採用である（オプション）．

(1) 伝送路の二重化

WTBでは，車両間をジャンパケーブルで渡る伝送路を二重化し，列車の左右に振り分けて配線することとしている（**図 5.9**（a））．これにより 1 か所の伝送路異常が他方に影響させないようにすると共に，列車の方向転換を行っても伝送路が常に構成できるようになる．この列車の向きに対する汎用性は，さまざまな車両が組み合わされる実運用面において非常に重要なポイントとなる．

この二重化伝送路に対応するため，各ノードには，各伝送路専用にラインユニット（Line Unit）と呼ぶインタフェース部を設けて，主系および補助系がどちらの伝送路とも接続できるようにしている（**図 5.9**（b））．

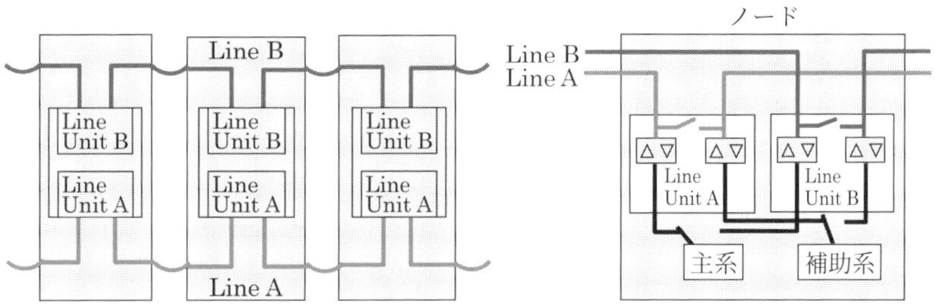

伝送路（Line A，Line B）を車両の両側のジャンパに振り分ける

（a）伝送路の配置

伝送路（Line A，Line B）どちらへも切替え可能

（b）伝送路の切替え

図 5.9 ｜ 伝送路の二重化

(2) 伝送路およびノードの二重化

伝送路のみでなく，ノードについても二重化することで，さらに信頼性を高めることができる．伝送路の二重化に対応する構成のノード（**図 5.9**（b））を 2 個，直列に接続し，一方を常時使用する「マスター」，もう一方を故障に備える「バックアップ」として使用する（**図 5.10**）．

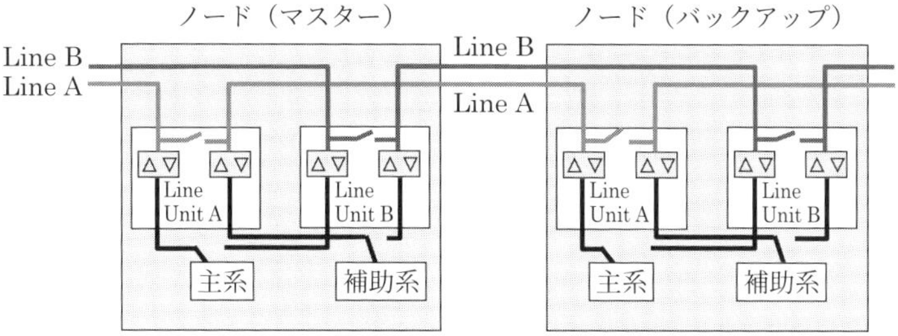

図 5.10 ｜伝送路およびノードの二重化

第6章

新しい列車伝送系国際規格（イーサネット方式）

5章で述べたように初の列車伝送系国際規格が制定されたものの，欧州中心で汎用性にやや欠ける面があったことと，この分野の技術革新が早く，より高性能で汎用性の高いイーサネット方式の列車伝送系が次期列車伝送系として国際規格化されることになった．本章では，その経緯および具体的規格内容について述べる．

6.1 イーサネット伝送系の国際規格化の経緯

(1) 車両伝送系追加の動き

IEC 61375-1:1999の発行後，2003年にTCN規格の改訂と適合性試験規格開発のために，TC 9においてTCNのメンテナンスチームが設立された．この時点ではTCN（WTB，MVB）が唯一の列車伝送系国際規格と言えるものであったが，実際の車両にはそのほか種々の一般伝送規格のものが搭載されつつあった．メンテナンスチームにおいて，国際規格として実効的な役割を高めるためにも，こうした既存汎用規格の取り込みも必要であるとの議論が起きてきた．ここで新たなVB（車両伝送系Vehicle Bus）の追加が必要であるとの結論に達し，2006年にはこれを審議するための作業グループWG43が設立され，さらにWG43の提案に基づき2006年11月にはTC 9年次総会で正式に新たなVB規格の追加が決議された．ここで候補に挙がった実績ある伝送系規格としては，欧州の各社からWorld FIP，LONWORKS，CANopen，Profinet，日本の各社からもTIMNet，T-Ethernetなど多くのものがあった．

(2) イーサネット伝送系の追加

VB 追加の議論の結果として，新 VB としては既存の CANopen 仕様に基づく CCN（CANopen 編成内伝送系，CANopen Consist Network）と，T-Ethernet にほかのイーサネット方式を取り込み統一化した ECN（Ethernet Consist Network，イーサネット編成内伝送系）のみが選択され，列車伝送系としては ETB（Ethernet Train Backbone，イーサネット列車伝送系）が NP（新規格提案）により追加されることが決定し，実質的にはイーサネット伝送系の追加が主な作業となった．

2007 年に日本より ECN の NP を提出したことで，具体的に規格文書を作成していく作業が必要となり，提案元の日本がリーダーを務めることとなり，規格作成の主導権を握ることができた．

2008 年には WG43 の国際会議を東京で開催することができ，JR 東日本の TIMS や，JR 西日本の 321 系で 10 Mbps のイーサネットを世界に先駆けて列車の制御伝送系に適用したデジタル伝送システムを紹介し，日本の列車伝送系が実用面で相当進んでいるという印象を強く与えることができ，これが日本提案推進の大きな力となった．

(3) ECN と ETB の相互連携による統合

ECN に引き続き ETB の NP が提出され，作業が開始された．ETB はさまざまな列車間での分割・併合を可能とすることを目的とすることから，厳密な仕様の一元化が求められた．これに対し，固定編成内の規格である ECN では，ECN 間の独立性が高く，複数の冗長系構成やプロトコルの存在を認めることができた．これは列車全体としては ETB ノード（ETBN）内のゲートウェイを介して接続することで ECN 間の違いを吸収できる構成としたからである．ECN と ETB の関係を**図 6.1** に示す．固定編成内の ED（End Device）間伝送は ECN が担い，これら ECN 間を ETB で中継する構成となる．

(4) TCN 改訂版の構成

TCN（Train Communication Network）改訂版の構成を**表 6.1** に示す．改訂版の最初に新規格の全体概要を General Architecture として記し，従来の WTB と MVB に加え，イーサネットの列車伝送系 ETB と車上地上間伝送

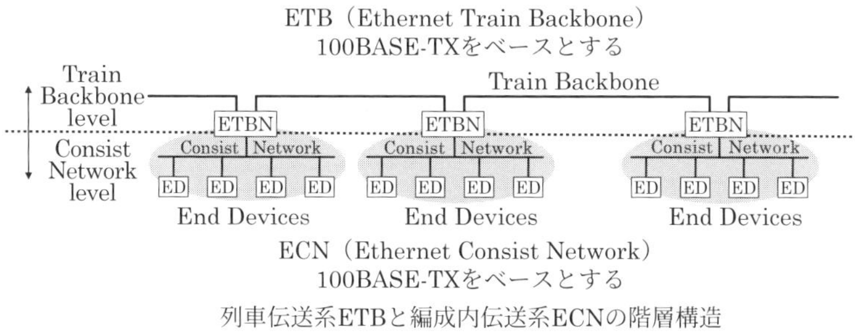

図 6.1 ｜ ECN と ETB の関係

表 6.1 ｜改訂版 TCN 規格の構成

<table>
<tr><th>規格番号</th><th>規格名称</th><th>分類</th></tr>
<tr><td>IEC 61375-1</td><td>鉄道用電子機器—TCN—第 1 部：一般構成</td><td>全体概要</td></tr>
<tr><td>IEC 61375-2-1</td><td>鉄道用電子機器—TCN—第 2-1 部：ワイヤトレインバス（WTB）</td><td rowspan="7">列車伝送系</td></tr>
<tr><td>IEC 61375-2-2</td><td>鉄道用電子機器—TCN—第 2-2 部：ワイヤトレインバス（WTB）適合性試験</td></tr>
<tr><td>IEC 61375-2-3</td><td>鉄道用電子機器—TCN—第 2-3 部：TCN 通信プロファイル</td></tr>
<tr><td>IEC/TS 61375-2-4</td><td>鉄道用電子機器—TCN—第 2-4 部：TCN アプリケーションプロファイル</td></tr>
<tr><td>IEC 61375-2-5</td><td>鉄道用電子機器—TCN—第 2-5 部：イーサネットトレインバックボーン（ETB）</td></tr>
<tr><td>IEC 61375-2-6</td><td>鉄道用電子機器—TCN—第 2-6 部：車上から地上への通信</td></tr>
<tr><td>IEC/TR 61375-2-7</td><td>鉄道用電子機器—TCN—第 2-7 部：ワイヤレストレインバックボーン（WLTB）</td></tr>
<tr><td>IEC 61375-2-8</td><td>鉄道用電子機器—TCN—第 2-8 部：TCN（ETB，ECN，通信プロファイル）適合性試験</td><td>列車および固定編成伝送系</td></tr>
<tr><td>IEC 61375-3-1</td><td>鉄道用電子機器—TCN—第 3-1 部：マルチファンクションビークルバス（MVB）</td><td rowspan="4">固定編成伝送系</td></tr>
<tr><td>IEC 61375-3-2</td><td>鉄道用電子機器—TCN—第 3-2 部：マルチファンクションビークルバス（MVB）適合性試験</td></tr>
<tr><td>IEC 61375-3-3</td><td>鉄道用電子機器—TCN—第 3-3 部：CANopen コンシストネットワーク（CCN）</td></tr>
<tr><td>IEC 61375-3-4</td><td>鉄道用電子機器—TCN—第 3-4 部：イーサネットコンシストネットワーク（ECN）</td></tr>
</table>

(On board to Ground Communication)，車両内を主とする固定編成伝送系（Consist Network）として，CANopenとECNが追加されることとなった．このうちCANopenについては，鉄道車両用として多くの実績を持ち，業界団体の強力な後押しもあり追加されたものである．

6.2 列車伝送系の構成

(1) 列車の編成構成

列車伝送系において，列車の編成構成特有の意味で使われる非常に重要なキーワードとして「コンシスト（consist）」がある．一般的には「固定編成」と訳されるが，営業運行中にはこれ以上分割されることのない最小固定編成の「ひとかたまり」を指している．したがって，営業運行ではない車両基地内での特別な列車の分離，組み換え作業中の構成単位においては適用されない概念である．

例えば，12両編成の列車があり，運行の途中駅で4両と8両に分割される場合，この「4両編成」と「8両編成」の単位がそれぞれコンシストとなる．

電車列車であれば，コンシストの両端には運転台車両が接続される．最小単位は，両運転台付き車両の1両（編成）となる．

機関車牽引の客車列車の場合，途中で機関車が付け替えられることがあり，機関車と客車がそれぞれ別のコンシストとなる．客車側は，寝台列車のような固定編成であればそれが一つのコンシストとなるが，ローカルの短編成でフレキシブルな分併運用がなされる場合を考慮すれば1両単位をコンシストとしておくことも有用である．また，欧州で一般的な機関車牽引客車ではあるが編成両端に（客車端にも）運転台を持つ「プッシュプル」では，編成全体が一つのコンシストともいえる．

貨物列車も客車列車に準じ，機関車と貨車に分かれ，機関車のコンシストおよびさらに貨車側編成は自在に分併できることから1両単位にコンシストとすることも一般的である．

ディーゼル列車の場合は，1両運行も可能など一般にコンシストは短いが，基本的には電車列車同様に運転台車両で挟まれた編成がコンシストとなる．

一方「列車（train）」は，本線/駅上で実際に運行される連結された一つながりの編成全体を指し，一つもしくは複数のコンシストにより構成されることになる（**図 6.2** 参照）．

列車伝送系にとってこの概念が重要なのは，列車が個々の車両単位ではなく，コンシストを単位とする列車編成での変更が行われることにより，これがそのまま列車伝送系の再構成に直結する基本的な要件となるためである．

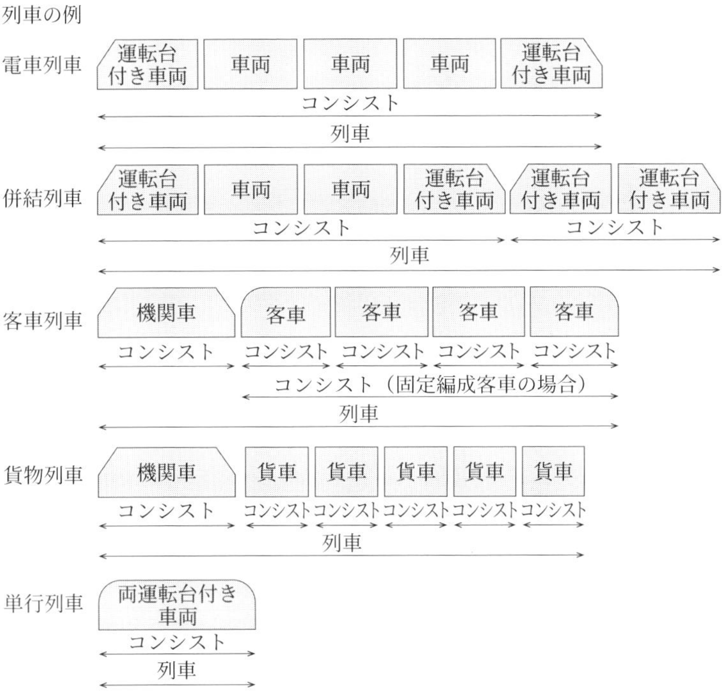

図 6.2　列車の編成構成

(2) 列車伝送系とコンシスト伝送系

TCN 規格におけるネットワーク構成も，上記の列車とコンシストに対応した「列車伝送系」と「コンシスト伝送系」に階層分けされている．このうち，イーサネットを適用した TCN 規格では，列車伝送系が ETB であり，コンシスト伝送系が ECN である（図 6.1 参照）．また，最初に規格化された TCN も，列車伝送系として WTB が，コンシスト（車両内）伝送系として MVB があり，同様な階層構成となっている（図 5.2 参照）．

各 ECN は，コンシスト単位に独立して構成され，ゲートウェイを介して

ETBと接続される．このため，ECNではコンシストごとに異なる仕様のシステム（例えば，機関車用ECNと客車用ECN）とすることが可能である．

一方，ETBは列車の分割・併合を検知し，その都度列車伝送系の再構成を行う．すなわち，ECNはその伝送系構成が変わることがない閉じた固定の伝送系であるのに対し，ETBは列車の分割・併合によって系構成を変えるダイナミックな伝送系である．このため，ECN規格では要求に応じてさまざまなオプションから仕様を選択できる規定となっているが，他方ETB規格ではあらゆるコンシストとの間で接続の互換性をとらなければならないオープンな伝送系として，厳密に一意に仕様が定められているという特徴を持つ．

6.3 ETBの概要

ETBは，異なるECN間の接続を可能とする列車伝送系である．また，ETB間で列車の分割・併合に対応し，列車間のインターオペラビリティを保証するため選択の余地なく一意に定義された仕様としている．

(1) マルチドロップとスイッチデバイス接続

イーサネットの導入による端末と伝送路の接続方式の最大の違いは，マルチドロップ接続からスイッチデバイス接続となったことである．

マルチドロップ接続では，1本の伝送路にすべての端末がぶら下がるため，伝送路長，負荷端末数が増大した場合に波形歪の増大，波形レベルの低下が発生し，BER（Bit Error Rate）の増加を招くことになる．伝送路長800 m，端末数32台とした場合，最大伝送速度は40 Mbps程度であると見積もられている．これはマルチドロップ構成による物理的限界となり，実質的には10 Mbps程度が上限である．この限界を破る手段が，スイッチデバイス接続である．

イーサネットにおいても同軸ケーブルのマルチドロップ（バス）接続の10BASE5や10BASE2では10 Mbpsまでであるが，スイッチデバイス接続となる100BASE-TXや1000BASE-Tさらには10GBASE-Tでは，それぞれ100 Mbps，1 Gbps，10 Gbpsへと高速化することが可能となった．これは伝送路長がたかだか100 m程度であり，1対1接続とすることで実現できたことである．列車伝送系において100 Mbps以上を目標とする新しい伝送系としては当然のごとくスイッチデバイス接続としている（**図 6.3** 参照）.

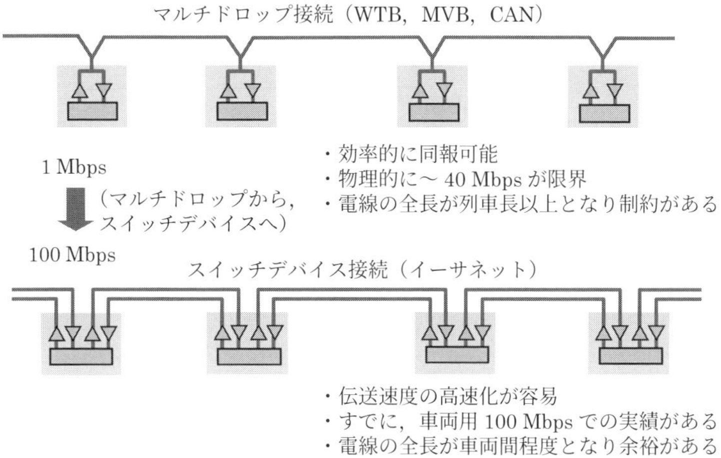

図 6.3 ｜イーサネットによる伝送速度の向上

(2) 分割・併合対応

WTB と ETB の物理的な回線接続の大きな違いは，WTB が 1 本の伝送路にすべてぶら下がるマルチドロップ方式であるのに対し，ETB はノード間で 1 対 1 に接続されるポイントツーポイント方式として高速化が実現できた点である．さらに，WTB では分割・併合を検知するために連結面側の回線をマルチドロップ接続回線側と切り離す手段が必要であったが，ETB では連結面側の回線が独立しており，機械的切り離し回路が不要なため，より高速で確実に分割・併合時の回線網の再構成（イノギュレーションと呼ばれる）が行えるようになっている．

ETB では，列車が分割・併合される都度に列車の編成構成（以後，「列車構成（Train Topology）」と呼ぶ）の認識を行い，伝送系の再構成を実施する．これを，「列車構成発見手順 TTDP（Train Topology Discovery Protocol）」機能を用いて実行している．その結果は，「列車構成データベース TTDB（Train Topology Database）」に格納され，これを例えば，現在の列車構成に基づいて制御・監視を行う TCMS などから随時参照されるといった形でも利用される．

ETBは，列車の分併動作が完了した後，ETBノード（ETBN）の並び順とそれらにぶら下がるECNの並び順を認識する．次に，列車の両端に位置するECNからそれぞれ固有の識別番号cstUUID（Consist Universally Unique Identifier）を読み出し，その値の小さいほうを列車の先頭方向とする「ETB参照方向（ETB Reference Direction）」を定める．この方向に基づき，各ETBN，各コンシスト，および各車両に，1から順に順序番号が割り振られる．これらは，列車構成が変わるたびに変更されるダイナミックな値であるが，列車構成が変わらない限りは固定値となる．また，この列車の先頭方向に対し，先頭方向に向いたときの車両の左側を「A側（Side A）」，右側を「B側（Side B）」と定義している．

次に，列車の運行制御を行うために，運転士が乗り込みマスコンキーを投入するとTCMSがこれを検知しTTDBにセットする．これにより「列車の運転方向（Operational Train Orientation）」が定まり，同様に各コンシストおよび各車両に，1から順に「運転方向順序属性」が割り振られる．こちらは有効な運転台位置が変わるたびに変更される，よりダイナミックな値となる．この列車運行上の運転方向を基準に，前方への走行が「前進 Forward」，反対方向へ動けば「後進 Reverse」となる（**図6.4**参照）．

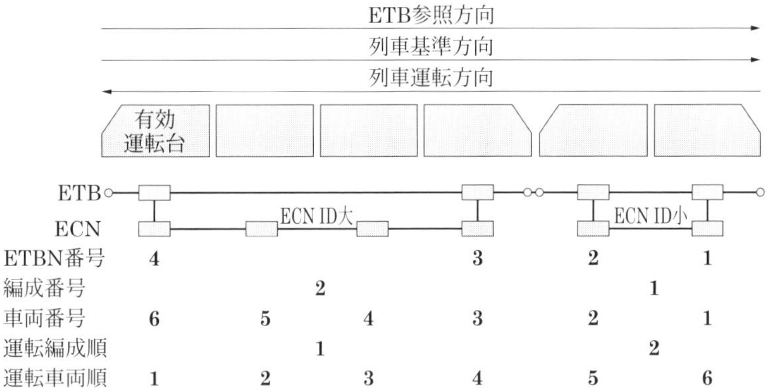

図6.4 ｜ ETBの分割・併合対応

(3) 連結・解放検知

TCN（ETBおよびWTB）では，列車の分割・併合の検知に特別のハードウェア（例えば，連結制御器からの連結／解放信号入力）手段を用いず，基本的に連結面の伝送線の接続／非接続によって分併を判別している．このため，非連結時には常に一定周期で連結端方向に電文を送信し続けると共に，連結端からの電文受信がないかを監視し続けている．連結により伝送線が接続された段階で，双方向の電文のやり取りが行われコネクションが完結することで双方の列車構成が認識され，伝送系の再構成が開始される．また，分割時には連結面からの信号が一定期間以上途絶えたことでこれを検知する．

以下では，このETBにおける分併時の再構成動作「イノギュレーション（Inauguration）」について述べる．

(a) 物理的接続順序検知

各ETBNは，列車長方向に前方/後方向けそれぞれに独立した伝送路を持っており，個別に送受信制御ができる．これにより，電気的信号が前/後方向いずれのETBNから受信したかどうかがわかる．例えば，連結面端に位置するETBNでは，前/後方向のうち，列車内側の伝送路（**図6.5**②）では信号が受信でき隣接するETBNが認識（MACアドレスを取得）できる．また，連結面側の伝送路（図6.5①）が解放されていれば信号を受信せず，連結されていれば信号が受信でき連結先のETBNが認識（MACアドレスを取得）できる．前後のETBNを認識することで，物理的な接続方向が判定できる．また，前後独立に伝送制御することで，列車内側の伝送系とは通常の伝送プロトコルを継続しながら，連結面側では，連結検知のための単純な呼びかけ応答待ち動作を繰り返すと

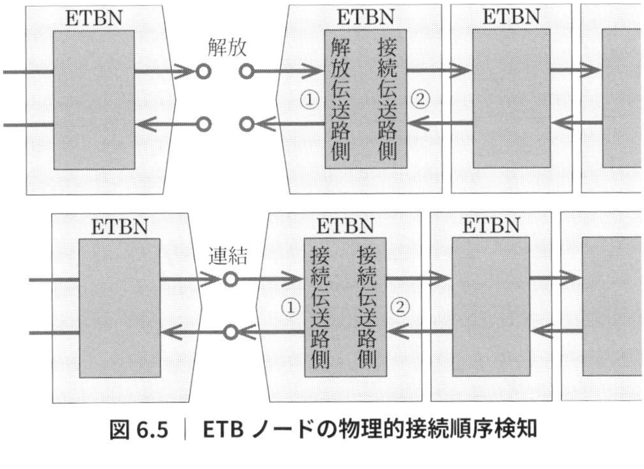

図6.5　ETBノードの物理的接続順序検知

いった動作ができる．これらにより，ETBN の物理的（電気的）な接続順序を判定することができる．

ただし，以上の大前提として ETBN およびその伝送経路は，いかなる列車の再構成が行われようが，列車全体として必ず列車の前後方向に対して 1 次元の配列（liner topology）を保持し，ループや分岐が存在してはならない．これは ETB のシステム上の要点である．

(b) 連結検知タイミング

連結面が解放状態にある時の連結検知用の「応答呼びかけ」信号は，次に連結されるまでは空しく消え去るのみであるため，あまり高頻度で送信し続けても（CPU 負荷などに）無駄が多く，比較的低い一定周期（100 ms）で送信され続けていく．次にいったん連結されれば，連結面で対向する ETBN からの信号を受信することになる．この応答呼びかけ信号を受信した ETBN は，相手を「発見した」ということでより高頻度な周期（15 ms）で繰り返し「発見応答」を返していく．次に，この発見応答を受信した送信側は「接続した」として「接続応答」を返し接続が完了する．すなわち，連結前にはゆっくりと構えているが，いざ連結されたときにはできるだけ速やかにコネクションを行おうとするものである（**図 6.6** 参照）．

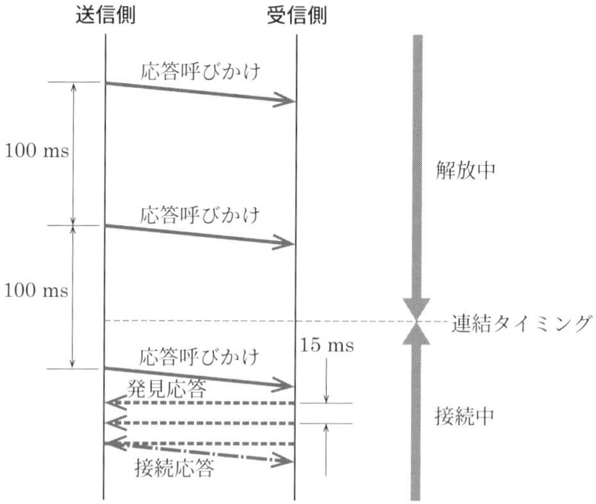

図 6.6 | ETB の連結検知タイミング

なお，図では一方向のみを示しているが，応答呼びかけの送信は連結面の両側の ETBN より双方向で行われ，どちらも送信側および受信側となる．

(c) 論理的接続順序

データリンク層において，物理的な隣接 ETBN（MAC アドレス）とその接続方向を特定した後に，これを論理アドレス（IP アドレス）に対応付けることで論理的な ETBN の接続順序を設定することができる．これに基づき次に ETBN にぶら下がる ECN の接続順序が定まる．さらに列車両端の ECN 識別番号から ETB 順序番号，ECN 順序番号，ECN 内の車両順序番号，が順次付けられていくことになる．

以上で述べた一連のシーケンスは，通常最初は電源投入時に行われる．電源投入時には列車構成状態が固定されていることから，隣接 ETBN との関係や列車両端が解放されていることが直ちに判明し，伝送系構成が定まる．次に変更トリガとなるのは，列車の分割・併合発生時で，上記伝送系再構成動作が繰り返されることになる．

(4) 冗長系構成

ETB の冗長系として唯一認められているのが，ETBN 間を二重の回線で接続する「リンクアグリゲーション」と呼ばれる手段と，ETBN の二重化である（図 **6.7** 参照）．

リンクアグリゲーションでは物理的な複数の回線をまとめて仮想的な 1 回線として扱うことができる．通常は 2 回線を使用してあたかも回線速度が 2 倍に

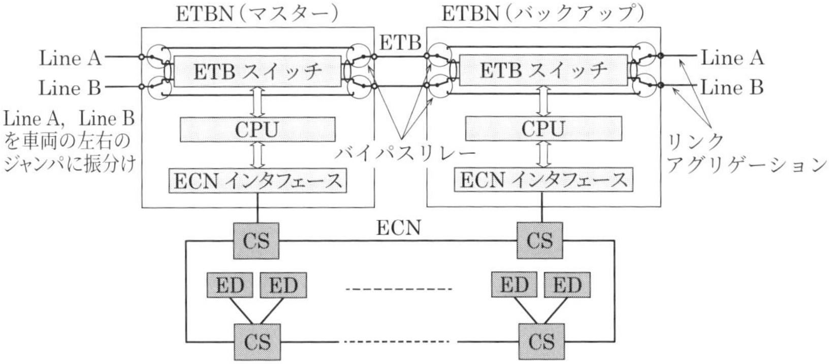

図 6.7 ｜ リンクアグリゲーションとノード二重化による冗長性構成

なったかのように扱うが，いずれか一方の回線が断となった場合には，自動的に残存側の回線のみ使用して 1 回線分の回線速度が維持できるようになっている．

リンクアグリゲーション方式では伝送路のみが二重化されている．各 ETBN は 2 本の伝送路を自在に使い分けることができる．データが輻輳すれば 2 本を同時に使用し，いずれか 1 本に障害が発生すれば他方を使用することで伝送機能を継続することができる．しかしながら，あくまで伝送路の二重化であり，ETBN 自体の異常には対応することができない．このリンクアグリゲーションを列車に適用する際に，2 本の伝送路を列車の左右に振り分けることにすれば，ジャンパ部での断線などの障害に対応できるばかりでなく，列車の方向転換にも対応できるようになる．

ETBN の二重化では，二つの ETBN を直列に接続し，一方を常時使用する「マスター」，もう一方を故障に備える「バックアップ」として使用する．また，ETBN 故障時に伝送経路を遮断しないために，2 本の伝送路の出入り口には，電源断および ETBN 故障時に伝送路を ETBN の迂回回路に切り替える「バイパスリレー」を備える．

6.4 ECN の概要

ECN は，情報源やその受け手である車載対象機器「エンドデバイス」（ED）間を結ぶコンシスト内ネットワークであり，100BASE-TX 仕様（ただし，電気的耐性を高めるためのオプションとして 10BASE-T も使用可能）の伝送路および伝送経路制御を行う「コンシストスイッチ」（Consist Switch：CS）によって構成される．コンシストスイッチはいわゆるスイッチングハブであり，車載機器としての環境条件を満たすように設計された，ECN の主要機器である．イーサネットを編成内伝送系として用いるための標準として制定された ECN 規格 IEC 61375-3-4 の主な特徴を以下に記す．

(1) IP アドレスとアドレス変換

基本的にイーサネットの論理アドレスとしては，IP アドレスを用いることになる．列車内の伝送系では，インターネットなどの外部世界とは区切られており，独自のアドレス体系を持つことが可能である．そこで本規格において，IP

アドレスはIPv4，クラスAのプライベートIPアドレスを用いるものと規定している（図3.10参照）．

この中で，ECN内で完全に閉じたアドレス体系を用いる場合は，IPアドレス下位23ビットに任意のアドレスを割り振ることを認めている．ただし，ETBにより相互にECN間を接続する場合は，さらに限定したアドレス体系を用いる．この体系では大きく，列車―コンシスト―各車両―対象機器（エンドデバイス）の4階層に分けられている．すなわち，列車内の，コンシストID内の，特定号車内の，対象機器IDによって対象機器アドレスが定まることになる（**図6.8**参照）．

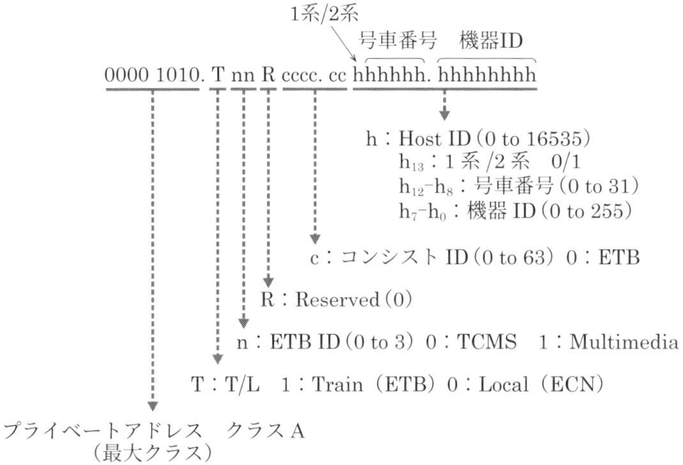

図6.8 │ 列車用IPアドレス体系

列車レベルのETB IDは2ビット分あり，例えばTCMS用に1系統，マルチメディア伝送用に別の1系統，といった区分けが行える．

次レベルのコンシストIDとしては6ビット分があり，63個のコンシストを区別することができる．日本のような電車列車ではこのような多数のコンシストIDを付与する必要性はないが，客車や貨車のように1両単位で分割・併合可能なコンシスト（車両）にも対応できるようにID総数が増やされている．

さらにそれ以下のコンシスト内のサブネット割付は，日本のような電車列車を主体とした場合に参考となる適用例として規格に示されているものである．各車内伝送系を二重系の冗長構成とした場合に，1ビットで1系側と2系側を区別できるようになっている．さらに，コンシスト内の号車IDとして5ビットあり，31両編成までの号車番号区別が可能となっている．次に，各系内の各車両内の対象機器ID用に8ビット持ち，255台まで区別することができるようになっている．

これにより，各ECN内ではそれぞれ固有のサブネットを構成し，各ECNにコンシストIDを一意に割り付けることで，列車内で一貫したIPアドレスを振り分けることができるようになる（図**6.9**参照）．

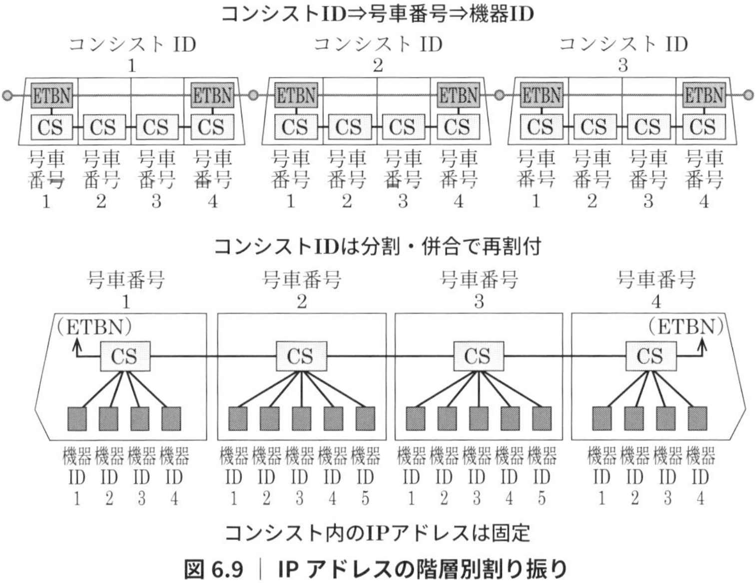

図 6.9 ｜ IPアドレスの階層別割り振り

(2) 分割・併合に伴うコンシストIDの再割付例

IPアドレス中のコンシストIDは，各コンシストが併合されることなく単独で存在している場合は，例えばデフォルトとして「1」を割り付ける．次に，列車の分割・併合が行われた際には，コンシストIDの再割付を行う．路線の下り方を起点とするなどして，コンシスト単位で「1」から昇順に割り付けていく．このようにしてダイナミックに割り付けられたコンシストIDを用いれば，いかなる列車編成構成の場合でも，最終的に列車内の任意のEDを一意に特定することができるようになる．すなわち，列車の分割・併合対応動作の基本として，編成構成変化の検知とこれに伴うIPアドレスの再配分機能が必要となる．これらはETBにおいて，列車伝送系再構成（Inauguration）用の特定手順としてTTDP（Train Topology Discovery Protocol）が規定されている．

(3) R-NAT

NAT（Network Address Translation）は一般的に，グローバルIPアドレスとプライベートIPアドレスの変換に用いられる技術だが，本規格IEC 61375-3-4の附属書B（参考）ではETBを経由したECN間のアドレス変換に用いるアドレス変換方式R-NAT（Railway Network Address Translation）が提案されている．

イーサネット伝送系は，列車内のETBとコンシスト内のECNの階層構造を持っている．このうちECNは編成が固定であるからIPアドレスも固定でよい．一方ETBは，ダイナミックな列車の分割・併合に伴ってIPアドレスも再割り付けが必要となる．R-NATの仕組みを使うことで複数のコンシスト間の分割・併合に対応させることができる．

(4) 冗長系構成

ECNにおいてもETB同様に信頼性確保は最重要課題である．ECNにおける伝送系の障害発生が列車の機能に及ぼす影響を考慮して，用途に応じて，以下に示すようなコンシストスイッチおよびエンドデバイスの接続形態（topology）を用いて必要な信頼性を確保する必要がある．本規格IEC 61375-3-4では，冗長系構成については自由に選択できるものとされているが，附属書A（参考）において，5種類の接続形態（リニア，リング，並列二重，リング二重，ラダー）を典型例として選び，冗長性の低いほうから高いほうへ，順に冗長性レベル1，2，3a，3b，3cに区分してそれぞれの信頼性を試算している．

このうち，冗長性レベル3a，3b，3cでは，いずれの場合も，エンドデバイスからコンシストスイッチへの接続を二重化するデュアルホーミング（dual homing）という手法を用いる．実際の適用においては，これらの典型例に加えて，一部の重要な機能（例えば，運転台機能）にかかわるエンドデバイスのみにデュアルホーミングを適用するといった種々の応用例がある．

(a) リニア（linear）接続（冗長性レベル 1）

一列に並ぶ冗長性のない接続形態がリニア接続である．これは伝送路の障害などの異常に対して最も弱いシステム形態ではあるが，サービス系のシンプルなシステムにおいてはコスト面から有効な手段である（図 **6.10**（a））．

(b) リング（ring）接続（冗長性レベル 2）

リング接続は，文字通り伝送路がリング（輪）を描く構成となる．これは 1 か所の伝送路あるいはコンシストスイッチの異常では折り返し経路を構成することで伝送機能を維持することができることを特徴としている．また，物理層レベルではループを構成しているが，データリンク層でループとしてしまうと，一つのパケットが永久にループ上を回り続けることになりかねない．そこで，データリンク層では，論理的にループを切断し，その間に終端コンシストスイッチを設定する．通常はこの仮想切断点を用いるが，異常発生時には，実際の障害地点を切断点に切り替える．したがって，伝送路切り替え時間だけ伝送断時間が発生する（図 6.10（b））．

(c) 並列二重（parallel with dual homing）接続（冗長性レベル 3a）

リニア接続を並列に二重化した方式である．これは，コンシストスイッチおよび伝送路の 1 か所の故障に対しては直ちに他系を用いることで，伝送断時間を発生させることはない．ただし，各系は独立して動作しているため，異常時に伝送系のみで相互補完はできず，接続されているエンドデバイス側で対応しなければならない．一方，各系が独立に動作するため，片方で発生した異常事象が他系に影響を及ぼしにくいという利点がある（図 6.10（c））．

(d) リング二重（ring with dual homing）接続（冗長性レベル 3b）

リング接続においてコンシストスイッチを二重化した方式である．この場合は，伝送路のみならずコンシストスイッチの異常時においてもシステム伝送機能を維持できるようになる．こうすることでシステムの信頼度は並列二重およびラダー接続に匹敵するほど引き上げられる（図 6.10（d））．

(e) ラダー（ladder with dual homing）接続（冗長性レベル 3c）

ラダー接続は，並列二重接続に対しさらに系間伝送路を各コンシストスイッチ間に設置したものである．これにより系間で情報交換が行え，異常時にはより強力にカバーできるようになる（図 6.10（e））．

ECN の冗長系構成として特にラダー方式については本規格 IEC 61375-3-4

附属書D（参考）に具体的な実装方法例が記述されている．ラダー方式では，異常時に切り替わるスタンバイ方式ではなく，常時二重系を動作させておき，異常発生時には切替り動作なしで正常系側を即時採用できるようにしている．さらに，異常発生部分のデータを正常系から取得したデータを代わりに用いて代理伝送する方式を用いている．これにより，異常時でもあたかも両系とも正常動作であるかのように振る舞うことができ，複数異常発生時においてもさらなるシステムの頑強性（robustness）を持たせることができる．

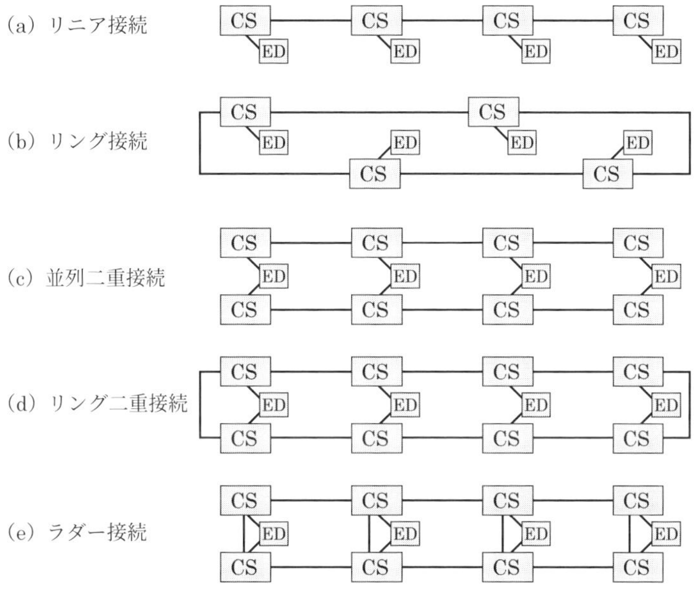

図 6.10 | ECN の冗長系構成例

(5) 伝送路の昇圧

ECN における伝送路の昇圧規定が鉄道車両への適用に果たす役割には大きなものがあると考えられる．100BASE–TX のように低電圧で，しかも微少電流しか流れない伝送路の接続部分に，従来の鉄道車両用低圧ジャンパコネクタをそのまま用いるのは現実的ではない．コネクタの接触部分に発生する微小な酸化皮膜や汚損膜が直ちに伝送異常を引き起こす原因となってしまう恐れが十分にある．

そこで，ECN では，耐ノイズ環境性および導電抵抗性を向上させるために，車両間渡りの伝送路において，10BASE-T の信号レベルは標準の 2 $V_{p\text{-}p}$ から 16 $V_{p\text{-}p}$ に，100BASE-TX の信号レベルは 8 $V_{p\text{-}p}$ にそれぞれ昇圧したものをオプションとして追加している．これは日本の事業者からの強い要望で，車両内という厳しい電磁環境内で安定して伝送を維持するための重要な手段としている．日本では，車両間の列車引き通し伝送線に関していえば，すでに 10BASE-T 方式および 100BASE-TX 方式共に昇圧したものを用いており，これで実際の営業車両としての実績を積み重ねてきている．

今後，非常に多くの車両に採用され，経年変化が現れてきたときには，はっきりとした有意差が現れるとみている．特に，分割・併合面の自動連結器部分では不可欠の要素であると考えられる．

この規格では，伝送波形の基本プロファイルはそのままとし，電圧値のみを比例させて昇圧したものである．したがって，標準のスイッチデバイスをそのまま用いたうえで「昇圧，降圧復元回路ブロック」を追加するのみで実現することができるようにしてある．

(6) ケーブルとコネクタ

伝送ケーブル，コネクタも車載品としての EMC（電磁両立性．他機器への電磁妨害を起こさず，かつ電磁環境に耐えて正常に動作する（両立する）能力）を十分考慮しなければならない要素である．このため，ケーブルはツイストペア 4 心シールドのカテゴリー 5 以上と規定している．車両内は，0.5 mm^2，0.34 mm^2，0.25 mm^2 を，車両間は 0.5 mm^2 以上を推奨している．さらに，実際に採用するに当たっては，車両材料の防火規格に適合したもの，艤装時の引張り強さに耐えるものなど車載材料として適合したものを用いる必要がある．

コネクタも同様に完全なシールド構造が要求される．当初，ただ一つ車載品としてシールドケースを持つコネクタとして，標準的に入手可能な M12 コネクタ（丸型形状）のみを必須としていたが，IEC 61076-3-104 コネクタ（角型形状）も追加し，推奨に改めると共にほかの標準品も認めることとした．しかしこれらも，個別の各対象機器側であれば問題ないが，数多くの伝送線が集中する伝送端末側ではスペース効率および艤装取付けの手間から，必ずしも優れたものとはいえない．例えば数組の伝送線を集約した角型一括コネクタがあれば，コネクタスペースや艤装組立ての手間を削減できるなどメリットは大きい．今後，角型複合コネクタの標準品化が進むとみられる．また，PC 接続など一時的接続に限定して，RJ45 コネクタの使用も認めている．

コラム｜仮想 ETB による分併対応 TCN

ETB および ECN どちらの規格も触れていないことであるが，「仮想 ETB」により列車の分割・併合に対応するシンプルな TCN が考えられる．

リニア接続（並列二重を含む）やラダー接続の場合，コンシスト両端のコンシストスイッチ（CS）には未使用の伝送路が残る．この未使用の伝送路を列車の連結に利用し，ECN に ETB の機能を論理的に分担させれば，すなわち ETB の仮想化を行えば，ECN のみによって分併対応の列車伝送系を構成できる．

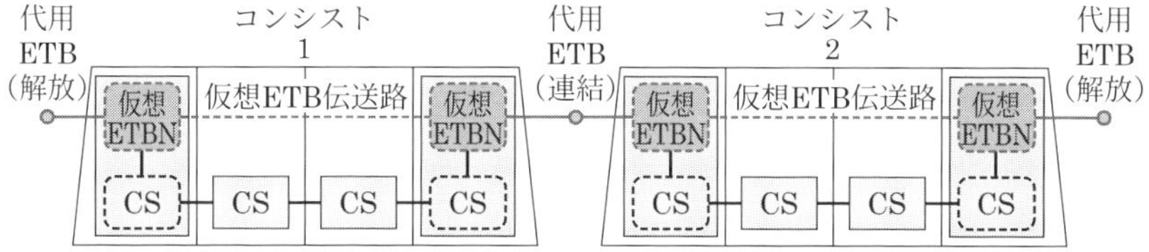

図に示すように，コンシスト両端の CS を論理的に分割し，コンシストの内側は ECN の CS として，外側は「仮想 ETBN」として機能させる．仮想 ETBN はコンシストの連結/解放を検知する“代用 ETB”の制御および分併時の列車伝送系の再構成を行う．コンシスト内の両仮想 ETBN 間は，ECN 内をトンネリングさせて，仮想 ETB 伝送路により直結する．

ECN には 100BASE-TX 伝送路を昇圧し，耐ノイズ性を向上する（ETB にはない）オプション仕様が含まれており，（必要に応じて）これを適用することにより，長期使用で不安定になりがちな分併に伴う電気連結器間接触抵抗や反射の増加にも対処できる．

ただし，仮想 ETB はシンプルで実用的な手段であるものの，規格本来の目的である「オープンな TCN」（どの列車，どのメーカーの ETBN でも接続可）といった面からは外れてしまう．あくまで導入各社内での適用に限定した「規格準拠」といった扱いとなる．

ほかのシンプル化した応用例としては，コンシスト両端に ETBN（ハードウェア）

を設けるが，ETB伝送路だけをECN内に仮想化する構成が考えられる．

6.5 標準プロトコル（TRDP）

今回の規格化における大きな成果の一つとして，列車の制御情報伝送用のプロトコルの標準化とそのオープンソースによる開発がある．これにより，ソフトウェア面においても標準化が進み，メーカー個別の多様な伝送対象機器であるエンドデバイス側においても互換性を保つための導入コストが引き下げられ，普及に弾みがつくと大いに期待されている．

(1) プロトコル統一の経緯

初期の段階では，各社よりさまざまなリアルタイムプロトコルが提案されてきた．これらは大きく分けると，プロセスデータ，メッセージデータの伝送機能を中心として列車向け伝送系に特化させたものと，一般的な産業用標準のイーサネットプロトコルの一つであるCIP（Common Industrial Protocol）を列車にも適用しようとするものである．

日本としては，前者のグループは細かな違いはあるもののプロセスデータとメッセージデータ伝送の基本プロトコルはおおむね一致しており，相互調整により1本化が可能であると考え，この統一を推し進めていくこととした．こうした中，2010年5月のWG43会議の終了後，日本メンバーの提案で前者のグループに属する各国関係者を集め，統一化の提案を行った．その際，列車向け応用に最も具体化の進んでいたボンバルディア社提案の「IPTCom」をベースとすることとし，ただし名称はまったく新たなものとすることが合意され，後に「TRDP（Train Real-time Data Protocol）」と名付けられた．その後，各社より仕様に対する詳細な要求事項を上げ，ボンバルディア社が取りまとめていった．

結果として，汎用に過ぎて鉄道車両においては使用頻度が低いものは省かれ，各社仕様案のより優れている方式が取り込まれるなどし，コンパクトでかなり洗練されたものができあがった（ソースコードではオリジナルのIPTComの1/10以下となった）．

また，ECNでは複数のプロトコルの存在を認めているものの，ETBではインターオペラビリティ確保のため唯一のプロトコルしか認めていない．そこで，WG43として最終的にETBで，CIPとTRDPのいずれを採用するかの選択が求められ，CIPを推す1社の反対と多数の賛成，少数の中立的立場からの棄権により，TRDPがETBにおける唯一のプロトコルとして採用されることとなった．これに伴いETBと接続されるECNにおいても実質上TRDPが標準となり，TCNにおける標準通信プロトコルとして正式にIEC 61375-2-3 TCN通信プロファイルに組み込まれた．

(2) TRDPのオープンソース開発

TRDPを，インターオペラビリティを確保しつつ普及させようとすれば，実際のソフトウェアとして実装し，参照モデルとしてオープンソースにより提供することが最も効果的である．2011年10月にチェコのプラハで列車情報系についてのCENELEC（欧州電気標準化委員会）ワークショップが開催された．そこで欧州における列車伝送系関連規格の取り組みが紹介され，ボンバルディア社よりTRDPの概要が報告された．その中で，TRDPは，主要鉄道関係各社の幅広い協力，支援があることを強調し，さらなる普及拡大を図るためオープンソース化作業への参画と支持を訴えた．

その結果，日欧7社が参加して，「TRDPオープンソース開発」が進められた．これは，ソースコードレベルで公開するソフトウェアを無償配布するために，高品質な仕様策定や迅速な開発，幅広い立場からのフィードバック，完全なテスト結果の実現を目指すものである．ここで開発され，機能ごとにモジュール化して検証を受けたものが，順次発行されていくことになる．最初に発行されたのが「TRDP Light」と呼ばれる最も基本となるプロトコルの中核部分である．その後，付加機能やツール類が順次発行されることになった．

(3) リアルタイム性の実現方式

通信7階層の内，第4階層の代表的標準プロトコルとして，TCPとUDPがある．このうちTCPは双方向のやり取りが必要で，応答の待ち時間が発生する．一方，UDPは単発データを送ることが可能で，この手順により容易にリアルタイム性を保証することができる．

TRDPではプロセスデータにはUDPを，メッセージデータにはUDPまたはTCP（ユーザが選択）を用いる．パケットサイズも最大1 500バイトに制限し，大容量データは分割，採番して順に送り，パケットごとに優先レベルを設定することで優先度の高いものから送信し，リアルタイム性を確保している．

6.6 安全性データの伝送

ETBおよびECNは，イーサネットを主に列車の制御情報伝送に適用するための規格であり，こうした独特の適用環境に即した仕様としてまとめられており，元より信頼性が高く，すでに高い実用化実績も持っている．このためには例えば，リアルタイムな応答性を保証する制御情報伝送用の標準プロトコルTRDPが規定され，オープンソースとして無償提供されている．

そのうえで，列車伝送系という枠組み内だけでなく，さらに上位の機能であるアプリケーションレベルから見た「安全性データの伝送」を行うための仕組みもあわせて規定している．

(1) SDTv2の位置づけ

列車制御の中には，例えばブレーキ指令伝送など列車運行の安全性に直接かかわる情報もある．こうした情報をより安全確実に伝達するために，TCN規格ではTRDPの上位階層としてプロセスデータの電文を対象に「安全性データ伝送

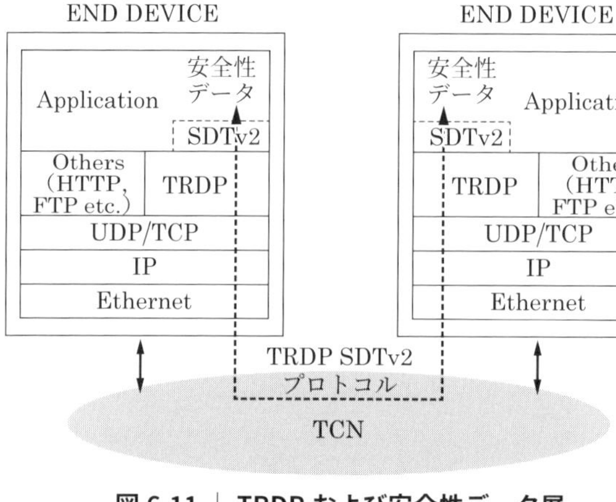

図6.11 ｜ TRDPおよび安全性データ層

SDTv2（Safe Data Transmission version 2）」を規定している（**図 6.11** 参照）．SDTv2 は，「安全度水準 2，SIL 2（Safety Integrity Level 2）」の安全システム（安全機能に対する目標失敗尺度として，単位時間当たりの危険側故障確率 10^{-7} 以上 10^{-6} 未満）に適する（suitable）としている．

(2) SDTv2 の安全対策

こうしたより高い安全性を確保するために，SDTv2 において具体的には，以下に示すような 7 種の対抗手段を用いることにより，10 種の異常要因を検知できる方法を採用している（**表 6.2** 参照）．

表 6.2 ｜ SDTv2 における異常への対抗手段

異常要因	安全対策						
	安全シーケンスカウンタ	シンクタイム監視	安全コード	ガードタイム	ソース ID（SID）	レーテンシー監視	チャンネル監視
データ破損			○				
不当な繰り返し	○						
不当シーケンス	○						
電文喪失		○					
不当遅延発生		○				○	
不要電文挿入	○				○		
なりすまし	○				○		
不当アドレス					○		
冗長系異常動作				○			
伝送品質低下		○	○				○

これは，データの出し元と受け側の内部間で直接十分な信頼性チェックを行うことで，途中の伝送系を含む経路中のいずれかでエラーが発生したとしても，これを確実に検知し排除しようとするものである．すなわち，途中の伝送経路の品質いかんにかかわらず，何が起ころうともデータの安全性・信頼性を確保しようとするものである．したがって，この SDTv2 は各アプリケーションモジュール内の出入り口（入出力インタフェース部）に組み込まれるものである．

なお，本規格の安全性データ伝送に関する詳細仕様は，IEC 61375-2-3 附属書 B（規定）に示されている.

(a) 安全コード

すでにイーサネット伝送系では，32 ビットの誤りチェックコード FCS（Frame Check Sequence）を備えてはいるが，これはイーサネット伝送系がアプリケーションから受け取った後の送信すべきデータブロックに対して計算して生成し付加するもので，あくまで伝送系内でのエラー発生をチェックするためのものである．したがって，データ作成元から伝送系に渡されるまでの間で発生したエラーに対してはまったく対処することができない.

そこで，データ作成元のアプリケーション内でその作成データに対して 32 ビットの CRC（Cyclic Redundancy Code）を生成し付加したものをアプリケーションデータに内蔵してから送信する，という手段をさらに追加している．受信側アプリケーションでは，伝送系チェックをクリアしたデータとして元データを受け取り，さらに付加された 32 ビットの CRC をチェックする．これにより，作成元のアプリケーションと受け取り側のアプリケーション間で直接データチェックを行うことになり，その間の途中でいかなるエラーが発生しようとも，その有無をチェックできることになる（**図 6.12** ①参照）.

(b) 安全シーケンスカウンタ

上記「安全コード」により，確かに作成元が作った正当なデータであることは確認できるが，それを受信した時点で「最新の」正しいデータである保証はない.

例えば，ブレーキ指令送信において，ある時点までブレーキ「緩め」指令であったものが，次の時点で「常用最大」指令に変化したとする．ところが，伝送経路の一部では「常用最大」指令に書き換わらず「緩め」指令のままで繰り返し送り続ける，といったようなループ状態に陥った場合には，以前の古い「緩め」指令データのままであっても，内容は生成元が作成した正当データであるとみなすことになり，そのまま採用してしまうことが起き得る．そこで，すでに古くなった旧データかどうかが確実に判定できるように，毎回異なるデータ値を生成して送信できるようにする.

具体的には，32 ビットの「安全シーケンスカウンタ」をさらにデータ内に付加し，データを 1 回送るたびにカウンタ値を 1 ずつ増やしていく．これにより，元となる指令データ値が同じであっても，毎回異なるデータとして送られるため，たとえどこかで繰り返し旧データを送り続けたとしても受信データ値が変化しないことにより，直ちにそれが旧データであることが判定できることになる．また，このカウンタ値は順に増していくため，データの途中欠落もこれで判定できることになる（図 6.12 ②参照）．

(c) シンク時間監視

例えば，同様に「緩め」指令を送って正常受信された後に，伝送系の一部が停止してしまい，新たな「常用最大」指令が受信できないままとなった場合はどうなるであろうか．当然，固定的に「緩め」を出し続けることは絶対に避けなければならない．この場合，指令受け取り側では，受信間隔を監視しておき正常指令データが一定期間以上到達しないことで異常発生とみなし，フェールセーフ動作（例えば，常用最大や非常ブレーキ出力への切替え）に移行させる．このためのタイマ監視が「シンク時間監視」である．このタイマがタイムアウトするとアプリケーションに通知され，対応処置がとられることになる．

(d) ガードタイマ

安全性データ伝送には，冗長系構成への対応も考えられている．例えば，保安装置が「待機二重系構成」で，通常は片系から指令が出力されているが，この系に異常が発生すると直ちに他系側に切り替わり，制御が継続されるように構成されているものがある．この場合，系の切り替えが起きたとしても制御の継続に問題は発生しないが，一方の通常系が正常出力しているにもかかわらず，誤って待機系からもオーバーラップして出力されてしまえば，電文の不整合や破壊，シーケンス異常などが起きてしまうことがある．そのため，一定期間内に両系からの電文が混在していないことを監視しているのが「ガードタイマ」である．これは，冗長系の動作監視となっている．

(e) ソース ID（SID）

安全性データの電文送信元は，自らこの電文が正当なものであることを証明するヘッダを付けて送信する．これを「ソース ID，SID（Source Identifier）」と呼び以下のデータで構成する．

- 安全性電文 ID，SMI（Safety Message Identifier）：32 ビットバイナリコードで，送受信双方のアプリケーション間で電文内容が一意に識別できる電文種別 ID
- 安全性データ伝送バージョン：本データが安全性データ伝送プロトコルのど

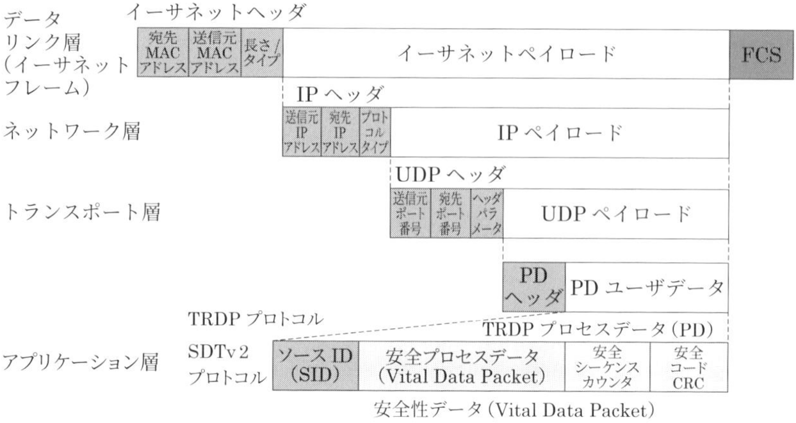

① 安全性データ作成元で安全コードCRCを付加し，
安全性データ使用先で安全コードCRCをチェック
（伝送経路の影響を排除）
② 安全シーケンスカウンタの更新をチェック（非更新データの排除）
③ ソースID（SID）により電文送信元の正当性をチェック

図 6.12 ｜安全性データの作成とチェック

のバージョンに基づくものかを示す16ビットコードで，SDTv2では'0002'H

・コンシスト固有ID，cstUUID（consist Universally Unique Identifier）：電文作成元が属するコンシストの固有の識別番号（16バイト）

・安全性系構成カウンタ，STC（Safe Topography Counter）：列車伝送系の構成が変化する都度に更新される，伝送系構成の識別番号（「Train Network Directory」の32ビットCRC計算値を用いる）．

これにより，受信側で（列車構成データベースTTDBを用いて）計算した「ソースID」に合致しない不当な電文が届いた場合は，アプリケーション側で破棄されることになる（図6.12③参照）．

(f) レーテンシー監視

電文がまったく届かなくなれば，受信タイムアウト検知で判断できるが，これは伝送系故障などの重大な異常時である．そこまでには至らず，電文が届くものの，ほかの大容量電文やほかの電文割り込み，経路の変更による迂回経路の通過などにより，電文到着が遅延する場合がある．これをチェックするのが「レーテンシー監視」である．受信側で電文受信後，次の電文受信までの「最大予定受信時間」を設定しておき，これを超えた場合に警報通知を上げるものである．これにより伝送遅延の発生が検知できるようになる．

(g) チャンネル監視

伝送経路状態を常に監視しておき，伝送経路のフェイルや迂回路の形成，伝送エラー増加などによる伝送品質低下などがあれば，これらの「異常ステータス」を通知する．これらの情報により，伝送系異常時の対応策を実行することができる．

6.7 車上マルチメディア応用の国際規格

(1) マルチメディアサービス系の国際規格化の経緯

鉄道における情報通信技術関連の国際規格のもう一つの柱が，車上マルチメディア応用規格である．映像，音声といったいわゆるマルチメディア系では，元来情報量が多く，従来の低速な列車伝送系では対応できなかった．しかし，高速のイーサネット伝送系規格が開発されたことにより，マルチメディア伝送にも適用可能となってきた．

TCN の規格改訂作業の中で，今後イーサネット伝送系の展開と共に車上のマルチメディア応用システムが普及していくとの方向性が確認された．これに伴い車上マルチメディアシステム規格化の方向性を調査する目的で，TCN の作業グループ WG43 の下に車上マルチメディア調査のタスクフォースが設立された．この中で，各国国内委員会に対し，車上マルチメディアシステムの動向，適用分野，車上マルチメディア規格の必要性の有無などが調査された．その結果，車上マルチメディア規格開発の検討が必要とされ，この目的で WG46 が新たに設立された．マルチメディア情報を伝送する手段としては，イーサネット伝送系を主とする上記 TCN を適用することが基本となることもあり，変化の激しいハードウェア寄りの下位階層の規定は避け，本規格の主眼としてはより上位階層からのアプリケーションサービスの規定を中心とすることで以下の 4 分野についてまとめることとなった（規格番号 IEC 62580）．

1. 映像監視・CCTV サービス
2. 乗客向けサービス
3. 運転士，乗務員向けサービス
4. 指令，保守向けサービス

これらのマルチメディアアプリケーションを車載適用するにあたり，第1部の一般構成（General Architecture）で基本ガイダンスを規定した．基本方針として，SOA（Service Oriented Architecture，サービス指向構造）およびXMLによるデータ交換方式を採用している．すでに一般構成IEC 62580-1と映像監視・CCTVサービスIEC/TS 62580-2が発行されている（**表6.3**参照）．

表6.3 車上マルチメディアシステム規格の構成

規格番号	規格名称	分類
IEC 62580-1	鉄道用電子機器—鉄道用車上マルチメディアおよびテレマティックサブシステム—第1部：一般構成	共通仕様
IEC/TS 62580-2	鉄道用電子機器—鉄道用車上マルチメディアおよびテレマティックサブシステム—第2部：ビデオ監視およびCCTVサービス	サービス別仕様
IEC 62580-3（案）	鉄道用電子機器—鉄道用車上マルチメディアおよびテレマティックサブシステム—第3部：乗務員向けサービス（案）	
IEC 62580-4（案）	鉄道用電子機器—鉄道用車上マルチメディアおよびテレマティックサブシステム—第4部：乗客向けサービス（案）	
IEC 62580-5（案）	鉄道用電子機器—鉄道用車上マルチメディアおよびテレマティックサブシステム—第5部：指令・保守向けサービス（案）	

(2) マルチメディア伝送系の特徴

列車内の映像や音声情報を扱うマルチメディア系サービスは，その用途を急速に広げつつある．そのため，接続されるデバイスも，運転台や客室のディスプレイ，客室や運転台前方および車側の監視カメラ，映像・情報記録装置，放送装置など多岐にわたっている．基本的にはこれらすべてがイーサネット伝送系に接続されることになる．列車に共通のマルチメディア伝送系を装備した場合には，これに映像・音声などの情報の通信がすべて集中することになる．元来，マルチメディア系デバイスは映像などの広帯域のデータとストリーム配信では，途切れることなく送信する高速性が要求される．このため，一般に共用されるマルチメディア伝送系は，標準のイーサネット伝送ができるばかりでなく，高速性も必要となる.

一般に，TCMS などの伝送系と，車内案内情報や車内監視情報などのマルチメディア伝送系とは厳然と区別される．いわゆる制御系と情報系の分離である．それぞれの特徴として，制御系は比較的少数データの高頻度更新であり，情報系は大量データの高速伝送が必要という性質を持つ．制御系のみであれば，10 Mbps 程度で十分であるが，情報系では速ければ速いほどよく，100 Mbps でも用途によっては十分とはいえなくなってきている．特に，映像系を多重化して伝送するには十分な帯域が必要となってくる．**図 6.13** は，列車内監視記録システム部分の構成例である．各車両内は 100 Mbps であるが，それらが集約されて伝送される列車内は 1 Gbps の光ファイバ伝送路としている．

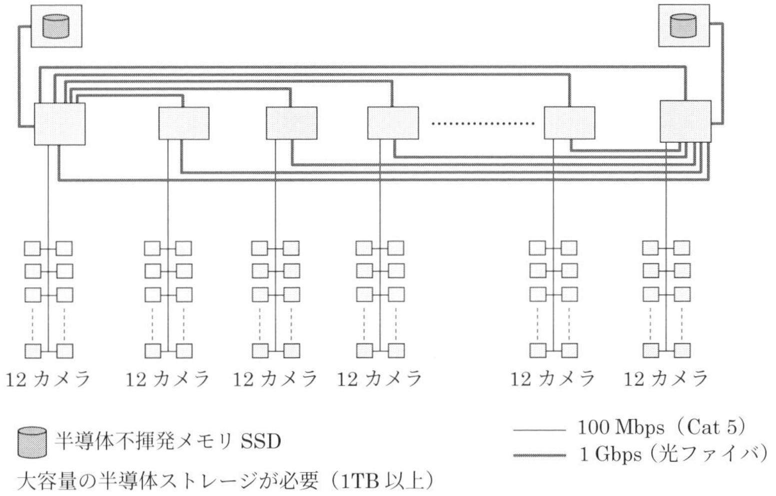

図 6.13 │車内映像監視・記録システム例

一般に，マルチメディア系の映像，音声などのストリームデータであれば一定の伝送品質さえ確保できていれば，エラー発生時のデータを破棄するだけでも機能的にはさほど影響は受けない.

一方，制御系で伝送される故障記録などのメッセージデータでは，伝送エラー発生時には再送するなどしてリカバリーが行われる.

また，ベストエフォートデータのように時間的制約の低いものはエラー発生時に確実なリカバリー手段を持たせている．

(3) TCMS 伝送系とマルチメディア伝送系の連携

機能的に分離された両伝送系であるが，列車構成や運行情報などの基本データを持っているのは制御伝送系側である．特に，列車の進行方向，号車番号，列車走行位置，次停車駅，列車内共通時刻，などの情報は，車内案内装置などには不可欠の情報であり，制御伝送系から伝達される必要がある．このため，制御伝送系とマルチメディア伝送系間にも系間伝送系を必要とする．伝送系の一端だけで接続することも可能であるが，各車特有の情報をタイムリーに伝達し，ネットワーク構成が異なったりするマルチメディア系の負担を軽減するためには各車内で伝送路を設けたほうが効率的である（**図 6.14** 参照）．

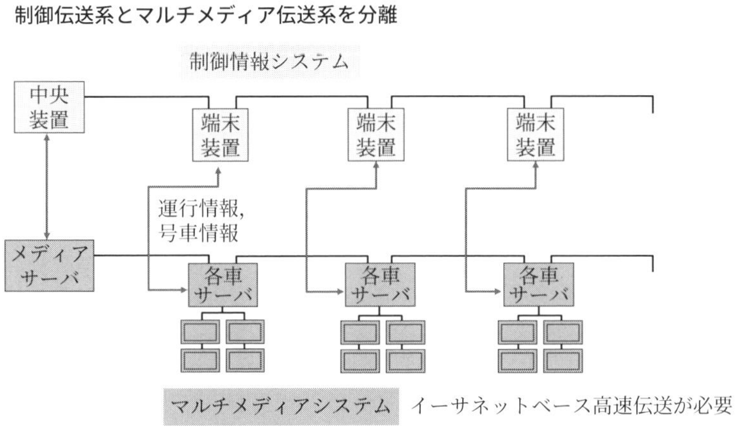

図 6.14 ｜制御情報システムとマルチメディアシステム

コラム｜欧州の事例：更新車両へのイーサネット伝送系の導入

電子機器の高機能化，高集積化は急速に進み，高性能でありながら，より小型，軽量，省エネ化を促進している．列車伝送系も例外ではなく，従来の WTB や MVB も同一機能で電源系も含めボード枚数を大幅に減らすことが可能となった．これにより，在来車両の同一の伝送端末のユニットに高集積化された新規ボードを入れ，空いたスペースにイーサネット系のボードを追加することが可能となった．

これにより，更新車は従来伝送系とイーサネット伝送系の両方に対応可能となり，更新車が増えるに従って，イーサネット伝送系へのスムーズな移行が可能となる．欧州では，このようにして更新車両の高機能化を図っている．主な用途としては，車両更新時にあわせてLCDの案内表示装置や車内監視カメラ記録システムの追設への対応がある．

第7章

TCMSの構成技術

列車伝送系TCNの代表的な適用例が車両制御情報システム（TCMS）である．こうしたシステムを構築するためには，車載機器として満たすべき条件のほか，鉄道車両制御に必要な信頼性の確保，さまざまな対象機器と接続するためのインタフェース条件，鉄道車両特有の情報の流れなど多くの要件を十分考慮したものでなければならない．本章では，これらの条件を満たすためのシステム構成技術について述べる．

7.1 車載機器としての条件

TCMSを列車に導入するためには，車載機器として以下に示すような条件を満たさなければならない．

(1) 環境条件

(a) 振動，衝撃，温度，湿度の環境条件

鉄道車両は，高速の移動体であり，特有の振動，衝撃条件に耐える必要がある．このため，車載機器としての振動，衝撃試験をクリアしたものでなければならない．また，温度，湿度の環境条件は，当該車両の運用環境で定められた要求仕様に適合したものでなければならない．

(b) 電磁環境条件

電車は，架線より電源供給を受け，モータを駆動して走行するといった高圧大電流が流れる環境にあり，車載の制御システムは，この厳しい電磁環境条件に耐えて安定動作しなければならない．このため，厳重なシールドや信号絶縁といった電磁ノイズ対策が不可欠である．

(c) 電源条件

引き通し電線方式の指令電源に無停電となるバッテリ電源を用いているのと同様に，こうしたシステム機器を瞬断もなく，安定して動作させるための供給電源としては基本的に DC 100 V 系のバッテリ電源を用いる．

(2) 性能条件

(a) 伝送系の性能，信頼性

・**伝送速度**：こうしたシステムを列車のリアルタイム制御に用いる場合は，その応答速度が問題となる．遅滞なく指令やフィードバック情報が伝達されねばならない．このため，十分な制御応答性を持ったものを設計しなければならない．

・**必要情報量**：導入すべき機能が定まると，これに応じて単位時間当たりの必要情報量が定まる．いかなる条件下でも，積み残すことなく必要なデータを送り切るだけの情報伝送容量を持っていなくてはならない．

・**データ信頼性**：データを送受信する際に，そのデータが間違いなく正しく送受信できなくてはならない．データ伝送の場合，必ず受信時に誤りチェックを行い，それが誤りであった場合は基本的に当該データを破棄することになる．その際，再送データや更新データによりこれを補うが，データ誤り率が多ければ伝送効率が低下してしまい，場合によっては制御応答性が十分に得られないケースも出てくる．このため，データ誤り率は規定の範囲以下でなければならないことになる．厳しい電磁環境下でこれをクリアするために十分な電磁ノイズ対策を行わなければならない．

(b) 列車構成の変化（分割・併合）対応

列車特有の条件として，列車の分割・併合がある．これにより列車の編成構成が変化するが，これに伴って列車伝送系も迅速かつ確実に再構成していかなくてはならない．すなわち，分割・併合によって編成構成が変わったとき，迅速に伝送系の再構成を行うことが必須の条件となる．

(c) インターオペラビリティ

列車伝送系は，さまざまな機器や車両，列車と接続され，相互に通信できなければならない．こうしたインターオペラビリティ（相互運用性）を満たす要件として，物理的，電気的特性のみでなく，プロトコルやアプリケーションについても互換性を持たせておく必要がある．

7.2 機器間インタフェース

TCMSのシステム構成を具体的に定める上で最も重要なものとして，「機器間インタフェース仕様」がある．これにより，機器ごとの機能分担を明確に定め，客観的な信号のやり取りを保証する．これを回路面から表した図面が，「インタフェースつなぎ図」である．装置の外観を現す「外形図」と並んで装置の最上位仕様を端的に表す図面となる．ここで，装置への電源系統，機器間インタフェース回路の各信号のソースと帰線，絶縁方式などが示される．この中で，絶縁により切り離されるまでの機器間接続回路については，電源元からグラウンドに至るまでを完結した形で明示しておく必要がある．

図 7.1 に示すように，リモートI/O端末装置を含めた伝送端末装置と外部機器とのインタフェース回路は大きく以下の3種類に分類できる．

第1に，DC 100 V系との入出力インタフェースがある．列車内の制御信号の基本がDC 100 Vバッテリ電源を用いたオンオフ信号であり，これとの間で

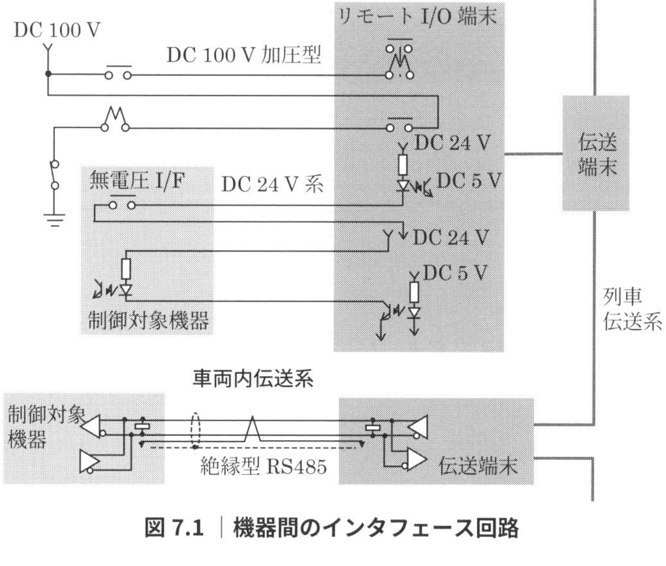

図 7.1 ｜ 機器間のインタフェース回路

入出力を行うものである．すなわち，列車制御指令系との間の直接信号入出力に用いられる最も一般的なインタフェース回路である．電源の大元が DC 100 V バッテリ電源であり，最終的には車体接地に落とされて完結する．

第 2 に，DC 24 V 電源を伝送端末側（信号入出力を主体的に行う装置側）から供給する DC 24 V 系信号インタフェースがある．オンオフスイッチ信号源にはリレーのドライ接点やフォトカプラを用いることで，ほかの電源系とは絶縁がとられる．DC 24 V 系は主に独立した機器間の信号インタフェースとして用いられる．これにより DC 100 V 系からのノイズの影響を受けにくくすることができる．したがって，いずれかの装置内の DC 24 V 電源＋側からインタフェース回路を経由して同じ電源の－側に戻ることで完結しなければならない．

なお，上記，第 1 と第 2 の両者とも，従来のカムやスイッチ，リレーなどの機械式接点入力を行う際には，接点のチャタリング動作（機械的微振動）への対応が必要となる．すなわち，こうした接点は，接点が接合する際に，ミリ秒レベルで見ると細かく跳ねて（バウンシングして）おり，この過渡的状態では値が確定しない，という点がある．ここで誤って値を入力しないように，チャタリング対策を行う必要がある．これは例えば，5 ms サンプリングを行っているとすれば，連続して 20 ms 以上同一値をとった場合に初めてその値を採用する，といったことが行われている．これらはいずれも，接点のチャタリング期間を十分にカバーしたものでなければならない．

第 3 に，伝送系によって接続されるものがあり，イーサネットや絶縁型 RS485 に代表される制御対象機器間を接続する車両内伝送系および伝送端末装置間を接続する列車内伝送系がある．伝送系のインタフェース電源としては，DC 24 V 系もしくは DC 5 V 系を用いるが，外部にわたる伝送路上の信号はトランスやフォトカプラで絶縁して用いることになる．

そのほか，BC 圧やモータ電流，架線電圧といったアナログ量の入力については，本来それらを直接制御対象としているマイコン制御装置側が入力センサを持っており，そこで処理したデジタルデータを，伝送系を介して取り込むことができるものが大半である．機械式メータを電流駆動するといったアナログ出力信号についても同様で，伝送系を介して取り込んだデジタルデータをアナログ出力信号に変換する機能は，それらを直接制御する機器側が担うこととなる．したがって，伝送端末装置側ではアナログ量の入出力を含め上記 3 種のインタフェースによってそのほとんどをカバーすることができる．ただし，この中でも単純な1ビットのオンオフ制御に過ぎないデジタルI/Oインタフェースは，マイコン制御の進展と共に，次第に減少していく方向にある．

例えば，客室蛍光灯のように，点灯／滅灯の制御だけであれば，このような1ビットのオンオフ制御が効率的に行える単純なDO方式の方が，現時点では優れていることは言うまでもない．しかしこれが，高輝度LED方式に代わり，自動調光や消費電力管理，一部素子故障や駆動履歴による保守管理など，マイコンによる高機能化を果たせば，伝送インタフェースによるデータ交換手段が必要となるかも知れない．近年では，どんな小さな機器にもマイコンが内蔵され，車載機器でマイコンをまったく使用していないものを探す方が難しいくらいである．高機能化のみならず，マイコン演算による直接駆動制御により従来必要であった中間のディスクリート部品を大幅に削減することが可能となり，低コスト化の実現手段としても活用されている．したがって，マイコン制御機器間であれば，伝送によるインタフェースの方が，より適した手段になりつつある．

7.3 伝送端末装置の構成方法

TCMSでは，伝送端末装置を中核として列車内のあらゆる機器とインタフェースがとられ，システム全体として協調のとれた動きができるようになっている．本節では，この伝送端末装置について，基本的な構成方法を述べる．

(1) 基本構造

一般的な伝送端末装置の構造を**図7.2**に示す．基本的にはマイコン制御機器であり，マイコン基板の集合体として構成されたユニットとなる．

ユニットとしては，電源ボードも含む基板とそれを収納するユニットフレーム，外部接続のためのコネクタで構成される．基板サイズは標準化が進んでおり，大半がいわゆる6Uサイズか3Uサイズとなる．

コネクタについては，日本では主にユニット上部に組み込まれているが，欧州では基本的に基板前面に組み込まれている．このため日本ではユニットフレームが車載専用設計となるが，欧州タイプではフレームユニットは汎用的なものを使用できることになる．

基板間を接続するバックパネル基板はシステムに応じて専用設計となるのが一般的である．日本の場合は，このバックパネルを拡張して上部にコネクタなどの組込みを行っている．いずれの場合も配線作業を極力なくし，組立効率を上げる工夫がなされている．

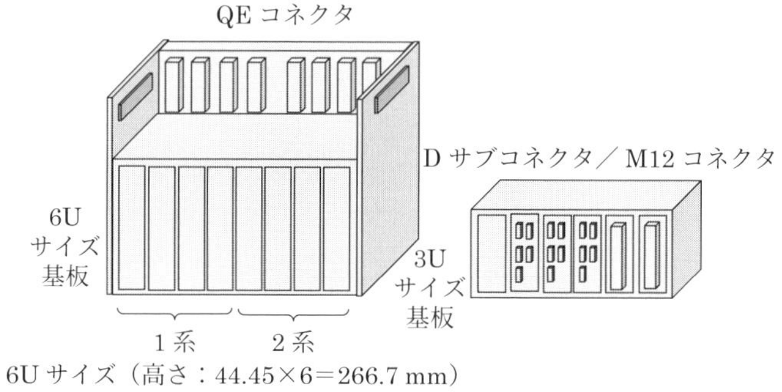

カード間，カード・コネクタ間はバックパネルのプリント基板配線

図 7.2 ｜伝送端末装置の基本構造

(2) 電源系統

伝送端末装置の電源系統を**図 7.3** に示す．

引き通し電線制御系が無停電となる DC 100 V バッテリ電源系を使用しているのと同様の理由で，伝送端末装置もその供給電源としては DC 100 V バッテリ電源を用いる．伝送端末装置内部の電源系統は，主に DC 100 V 系，DC 24 V 系，DC 5 V 系に大別され，これらの間は互いに絶縁された独立電源系となる．

車載マイコン装置を安定動作させるためには電磁ノイズ対策が不可欠である．その重要なポイントとして電源系統の完全分離がある．車両の DC 100 V 電源系には大きな L（インダクタンス）成分を持った電磁弁や継電器が接続されており，それらから発せられるサージは 1 000 V 以上にも達する．これを装置内部に透過させないように十分な対策が必要となる．

その最も基本的な要件が電源系統間の絶縁である．このために，DC 100 V を入力電源とし，そこから DC-DC コンバータ電源により絶縁し，DC 24 V 電源と DC 5 V 電源を生成している．車載電源装置としては，DC-DC コンバー

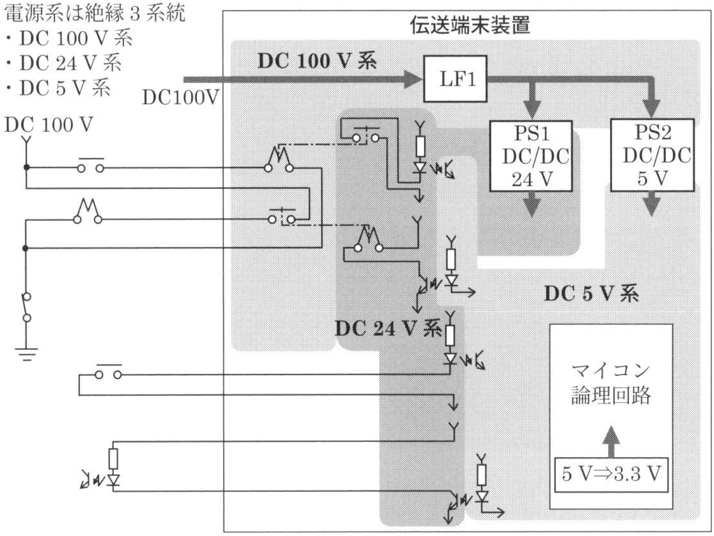

図 7.3　伝送端末装置の電源系統

タ内部の入力段フィルタとは別に，DC 100 V 電源入力部直下には十分なノイズ低減効果を持ったラインフィルタ（LF）の設置が不可欠である．

DC 24 V 系は主に外部機器とのインタフェースに用いられる．また，DC 100 V 系の信号はいったん DC 24 V 系に絶縁変換し，さらに DC 5 V 系へと絶縁変換される．最近はモニタリング装置などで，フォトカプラやフォトモスリレーを用いて DC 100 V と DC 5 V 間を直接絶縁変換する例も増えてきているが，これはそれまでの経験に基づく耐ノイズ技術の積み重ねによるものである．安易に採用すればシステムの不安定動作を招きかねないため，十分な検証が必要である．

DC 5 V 系はいわゆる論理回路用電源であり，マイコン，伝送制御などの IC 回路に用いられる．LSI の微細化に伴って DC 3.3 V を電源とするものも増えているが，その電源は DC 5 V 電源から生成され，グラウンドは共通のままで絶縁されておらず，共通のまとまった電源系統となる．ほかの電源系とは異なり，DC 5 V 電源系全体を装置内部のみで閉じて使用することが大原則であり，配線を装置筐体外に出してはならない．また，ほかの電源系とは確実に絶縁されていることも確認しなければならない．このため，完成後の絶縁抵抗測定が不可欠である.

(3) 基板構成

伝送端末装置は, 電源基板を含むマイコン標準基板の組合せにより構成される. 伝送端末装置の一般的な基板構成例を**図 7.4** に示す.

電源基板や電源ユニットでは, 車両の DC 100 V バッテリ電源を入力し, DC-DC コンバータにより外部と絶縁された DC 24 V と DC 5 V の装置内部用電源を作り出している. 安定化された電源出力は, 電源バスを経由して各基板に供給される.

CPU 基板は, 装置の中枢処理部であり, CPU, メモリ, WDT (ウオッチドッグタイマ), タイマ・時計カレンダ, 速度信号カウンタ, 通信制御などが組み込まれ, 各装置内で共通的に使用される必須機能を可能な限り集約している.

I/O 基板は, 外部機器との入出力信号インタフェースをとる基板であり, デジタルもしくはアナログの入出力ポートを複数個備えている. 当該装置の必要入出力点数に従って, 基板種別 (D/I, D/O, D/IO, A/I, など) および基板枚数を適宜選択することになる.

伝送基板を組み合わせることで, 列車内伝送系を構築することができる. 伝送

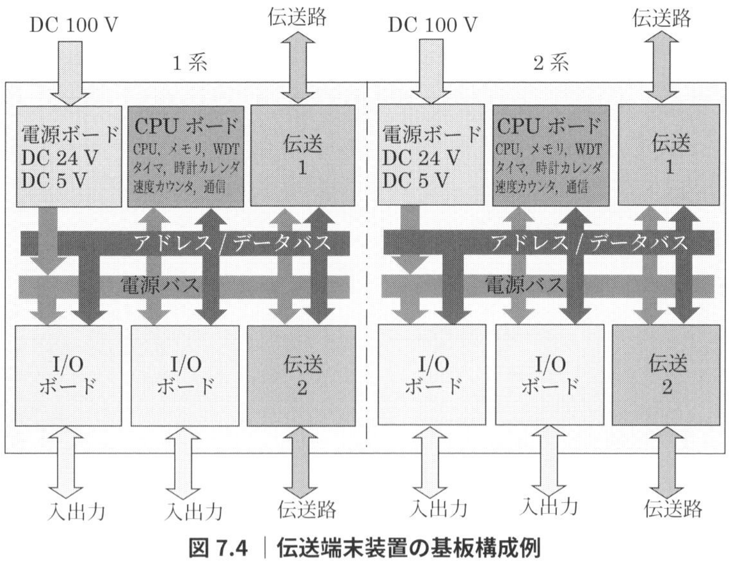

図 7.4 | 伝送端末装置の基板構成例

基板は伝送制御用の CPU を内蔵しており，複数の伝送チャンネルを持っているものが一般的である．伝送系の種別として，列車内伝送系と車両内機器間伝送系に大別でき，これらを必要に応じて組み合わせて用いる．

伝送端末装置は，基本的に上記マイコン標準基板を組み合わせることで構成できる．各標準基板間は，バックパネルに平行配線されているマイコン標準バスにより接続され，任意のマイコン標準基板を組み合わせることで多様なシステムが構築できるようになっている．このマイコン標準バスは基本的にメーカー各社独自のものであるが，メーカー間共通設計を行う場合は世の中で広く普及している VME バスを採用することが多い．そのほか，マイコンバスとして普及しているものにコンパクト PCI バスがある．これらはデータバス，アドレスバス，制御信号が 32 ビットなどの並列配線となるパラレルバスであるが，最近は USB や PCI Express などの高速シリアルバスを採用する例も出てきている．シリアルバスは，バスの実効転送速度が向上しているにもかかわらず，配線本数が大幅に縮小でき，コスト，信頼度の両面で優位となってきたためである．

図 7.4 で示した例では，装置が二重系構成となっており，電源を含めてすべて同じ構成のマイコンシステム 2 組が一つのフレームユニット内に収まっている．両系間は電気的に独立しており，一方の異常が他方に波及しないようにしてあり，これが異常発生時のシステム信頼性の向上にもつながっている．

7.4 マイコン制御装置の異常検知

厳しい車載環境条件の中で複雑な機器を間違いなく確実に継続制御していくためには，さまざまな対応処理が必要となる．すなわち，あらゆる「非正常」な状態を想定し，その際に行うべき処理をあらかじめ定めておく．例えば，入力信号に不一致が生じた場合はどのように扱うか，制御出力値に対し制御結果が不整合であった場合はどう処理するかなど，あらゆる変則事態に対しても可能な限り手を尽くすというのが車載マイコン制御の基本である．しかし，これらはすべてプログラミング可能な「想定内」のことが前提となる．こうした処理を行うべき CPU 自体が異常となった場合のために，車載マイコン制御装置自体の基本的な異常検知手段として，「低電圧検知」と「ウオッチドッグタイマ（WDT）」が備わっている．

(1) 低電圧検知

CPUは，膨大なデータを1ビットの間違いもなく高速に処理しなくてはならない．しかし，供給電圧が中途半端に低下すると，一見正常に動作していても，実際には内部で細かなエラーが発生しているということが起きる．CPU自体では，このエラーを認識できないため，ほかの独立した低電圧検知回路が用いられる．

「低電圧検知回路」は，一般的にCPU電源端子への供給電圧を監視しており，CPUの正常動作保証電圧を下回った場合に，CPUへのリセット端子をリセット側のレベル電圧に固定（リセット信号）することで，CPU動作を停止させるものである．供給電圧が低下している間は，CPUは動作停止しているが，電圧が回復すればリセット信号が解除され，初期化から動作開始（リセット動作）されることになる．

この解除動作が不用意に行われないように，検知電圧にはヒステリシス特性と解除動作への待機時間を持たせている．すなわち，低下検知電圧閾値を下回っていったん検知すれば，より高い解除電圧閾値を上回るまでは解除しないというヒステリシス特性を持たせている．これにより，供給電圧が臨界電圧近傍で留まった場合のノイズなどによる不要動作を抑えている．また，低電圧検知後に電圧が回復してもリセット解除を行うまでには一定の（例えば，1秒という比較的長い）時素を持たせ，瞬時の再起動の繰り返しを防いでいる．この時素は通常の電源投入時にも有効に働き，CPUへの供給電圧が十分に安定してから初期化動作を開始させるためにも不可欠なものとなっている．

(2) ウオッチドッグタイマ（WDT）

CPUが，あらかじめプログラミングされた正常動作から逸脱した場合の最も代表的な異常検知手段がウオッチドッグタイマ（WDT）である．WDTは，CPUと独立して動作する自走式のハードウェアカウンタ回路である．WDTは，自走によりカウントアップを継続し，CPUからクリア信号が送られない限り，オーバーフローすることで異常検知信号を出力する．このため通常は，WDTがオーバーフローするまでの間にCPUからクリア信号を出力する必要がある．クリア信号の入力によりWDTのカウンタの値がクリアされ，カウントアップをゼロから再開する．すなわち，CPUから一定時間以内にクリア信号が出力されなくなった時点で，WDT による異常検知信号が出力されることになる（**図 7.5** 参照）．

WDT 異常検知を行った後のシステム動作としては，次の 3 種類に分けられる．

① リセット動作：WDT 異常検知出力をリセット信号として用い，システム初期化からの再起動を行う．

② 制限付きリセット動作：一定回数（例えば 7 回）までは上記リセット動作を行うが，これを超えた場合はシステム動作を停止させる．

③ 動作停止：WDT が異常検知すれば，直ちにシステムを動作停止とする．

一般的には，①のケースが多いが，フェールセーフ機器では③により直ちに停止あるいは他系への切り替え動作を行わせる．②はある程度の異常時回復は認めるが，頻発する場合は明らかに異常であり，停止させたいとするケースに用いられる．

WDT カウンタのクリア動作はソフトウェアによって行われる．したがって，このソフトウェアいかんでその有効性が左右されることにもなる．不用意にプログラム上でクリア信号出力処理を挿入すると，異常動作であるにもかかわらず，WDT 異常検知が働かないということも起こり得る．

典型的な不適合例として，タイマ割り込み処理内で機械的にクリア信号を出力するケースがある．ソフトウェアが異常となり不当ループに陥ってしまったまま

・CPU の低電圧検知：性能保証電圧以下への低下を検知し，CPU を強制停止させる
（中途半端に電圧が低下し，一時的な誤動作誘発時が危険）
・WDT：一定時間カウンタクリア入力がないと CPU にリセットをかけ，再起動もしくは停止させる
（永久ループ状態や想定外箇所へのジャンプなどを検知する手段）

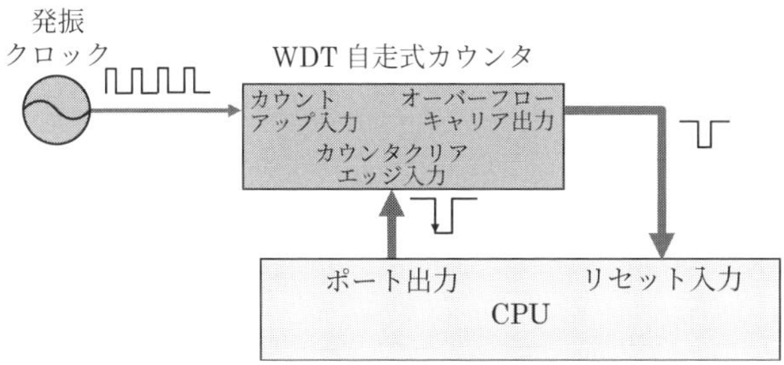

図 7.5 ｜ CPU の異常検知

となっても，強制的なタイマ割り込み処理によりWDTクリアが機械的に行われてしまう場合である．また，割り込み処理内ではなく，メイン処理内であっても，挿入箇所が不適切であれば，正常処理がなされていないにもかかわらず，クリア信号の出力を継続してしまうという不具合が実際に発生した．

このようなことを避けるために，基本的にWDTクリア処理は，プログラムが正常処理を行ったか否かというチェック（正常処理終了確認）を行った後に行うべきである．複数の機能が並列動作する場合は，それぞれの機能が独立に正常処理完了後に正常フラグをセットし，すべてのフラグが正常で揃った場合に初めてクリア出力を行うなどの複数チェックも必要となる．さらに，何らかの異常によりCPUが割り込み禁止状態に陥ってしまった場合にも，たとえメイン処理が継続していても確実にクリア処理が停止できる（異常検知ができる）ことを確認する必要がある．

以上の処置は，ソフトウェアの構造設計に直接かかわるため，上位のシステム設計レベルでは見えにくく，ソフトウェア完成段階においても異常をすり抜ける場合がないか改めて十分にチェック，検証することが重要となる．

7.5 システム設計

これまで述べてきたようなTCMSは，ネットワークで相互接続されたコンピュータシステムである．これを実現するためには，その基本となるシステム設計が必要十分なものとして的確に構築されていなければならない．

(1) システム設計

TCMSは，列車全体を統括管理する大規模なシステムであり，各機器の多種多様なソフトウェア群が相互に連携動作していかなければならない．こうした大規模なシステムを高品質で完成させるには，何よりもまずはシステム設計が重要であり，その品質がシステムの完成度に決定的に影響する．システム設計の結果として作成される「システム仕様書」が合理性を持ち，漏れなく客観的に記述されていることが高品質なシステム構築の大前提となる．そのためには体系だった方法に従ってシステム仕様書を着実に作成していくことが必要であり，その基本的な手法が，トップダウンによる構造化設計であり，オブジェクト指向による機能のモジュール化である．

トップダウンによる構造化設計では，すべてのシステム機能をトップダウンにより，大項目から順次詳細化していき，明確なツリー構造を持った機能群に分割し，構造化していくことになる（**図 7.6** 参照）．すなわち，最上位ではシステム全体として果たすべき機能を大きく分類記述し，次段では各装置単位（中央装置，端末装置，表示装置など）内で果たすべき機能に分割し割り振ったものを記述する．例えば，列車全体にかかわる中央処理機能と，各車両内の端末処理機能への分割などである．このレベルでは基本的に CPU 単位に機能分割される．さらには，その中で果たすべき機能を同様に，大項目から順に細分化して記述していき，最終的には独立した処理を行う「機能モジュール」単位にまで分割する．こうした機能モジュールが一つの CPU 内でそれぞれ独立に並列動作することになる．

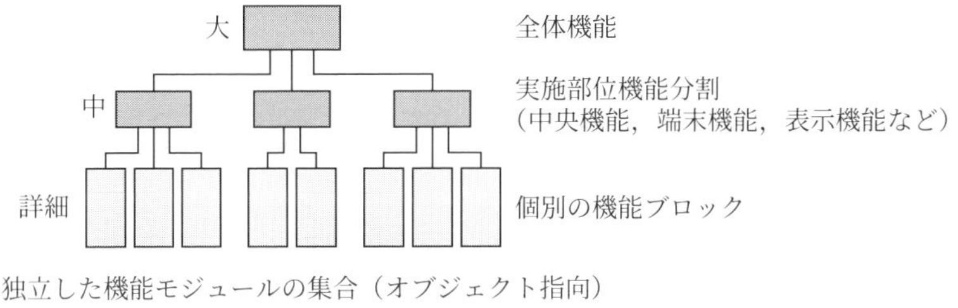

図 7.6 ｜トップダウン構造化設計

各機能モジュールはその独立性を明示するために，当該機能内で使用するすべての「入力」データと，当該機能を実現するための「処理」内容および，処理した結果の「出力」を客観的に記述することが重要である（**図 7.7** 参照）．各機能の独立性を高めることは，複雑に絡み合う一部のプログラムの不整合がまったく予期しないほかのプログラムの不具合を引き起こすといった連鎖反応を未然に防ぐことにもなる．

また，実行機能の内容がモードに応じて変化するものについては，「状態遷移図」あるいは「状態遷移表」により，動作を論理的に表すことも必要となる（**図 7.8** 参照）．

このようにシステム仕様の記述を構造化することにより，ソフトウェアの構造

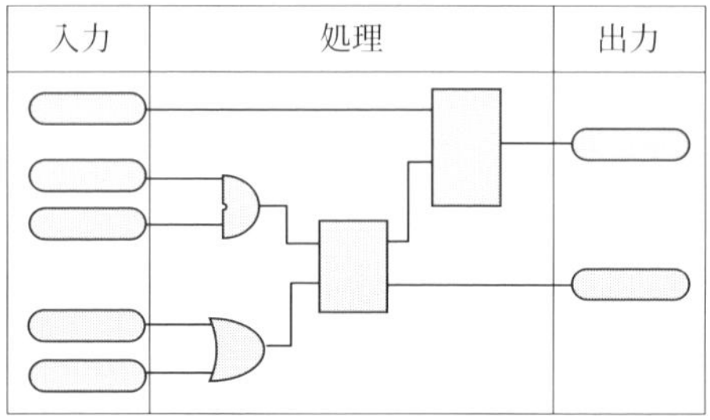

図 7.7 ｜機能モジュールのロジック化

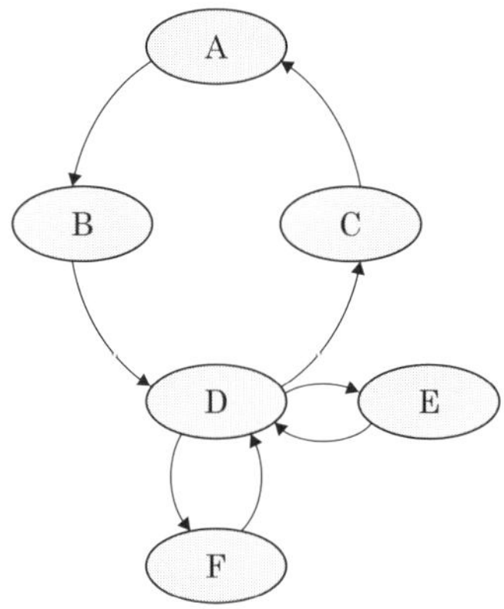

図 7.8 ｜状態遷移図

についてもそのままオブジェクト指向によるモジュール化が容易となり，信頼性を高めることができる．すなわち，機能を客観的に「見える化」することで，システム設計の整合性チェックを行うデザインレビューの効果を高め，ひいてはこれが品質の高いソフトウェア構築にも直接つながることにもなる．ソフトウェアの試験段階においても，各機能の試験条件がこれに基づき明確化されることで，より早くより確実に高い品質が保証できるようにもなる．

(2) ソフトウェアの基本構成

図 7.9 にソフトウェアの基本階層を示す．

マイコン制御機器内では，さまざまなアプリケーション機能が並列動作している．この中で必要な制御応答性を満たすために優先制御を行っている．すなわち，速い応答性が必要なものほど高い優先度で動作させている．こうした複数タ

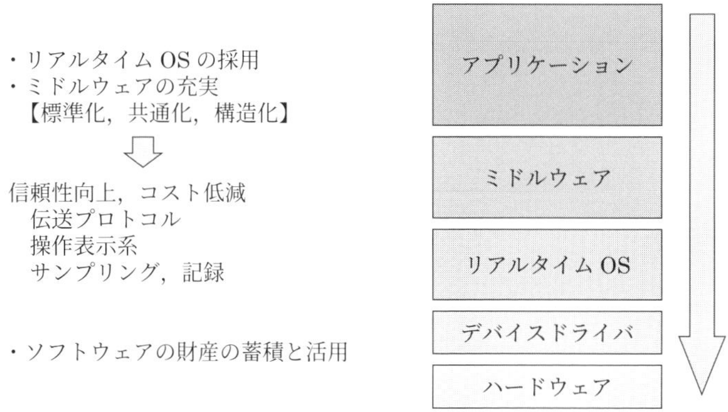

図 7.9 ｜ソフトウェアの基本階層

スクの優先度に応じた切り替えを行うのがリアルタイム OS である．

ソフトウェアのモジュール化でも述べたように，各モジュールは独立して並列動作させている．これをタスクという実行単位に分割し，各タスクを優先度に応じて順次動作させていく．リアルタイム OS がこの切り替え管理を担っている．

小規模な制御機器ではタスクスイッチをメインとする簡易なリアルタイム OS（リアルタイムモニタ）を使用すれば済むが，伝送端末装置のように多くのアプリケーションが複雑に絡み合うものでは，必然的にリアルタイム OS も高機能なものが必要となる．このためには，市販の高機能で信頼性の高いものを購入して使用することになる．特に，伝送系でイーサネットを自在に用いるものでは，市販パッケージでなければ対応が困難になりつつある．

リアルタイム OS のもとで直接ハードウェアを制御するのがデバイスドライバである．デバイスドライバとリアルタイム OS 以外が，一般的にアプリケーションプログラムであるが，多くの装置を開発していくと共通で使用できるアプリケーション部分があることに気が付く．いくつかのアプリケーションで共通に使用できるものを標準化してパッケージングしたものがミドルウェアである．特に伝送プログラムでは標準化が進んでおり，こうしたミドルウェアの代表格でもある．そのほか，モニタリング機能のデータ収集，記録，保管，読み出し，表示といった定型化された部分がミドルウェアとして確立している．複雑化するソフトウェア製作の場面では，こうしたミドルウェアがコストおよび信頼性に大きく影響し，知的財産としてのミドルウェアの拡充が競争力の源泉になりつつある．

(3) リモートローディング

リモートローディングとは，遠隔操作により列車内に分散配置された各車載機器の内蔵ROM領域にあるデータやプログラムを書き換える機能である（**図7.10**参照）．

車載マイコン機器の初期の頃は，ソフト変更の都度にEEPROM（紫外線消去ROM）の抜き差しを行っていたが，非常に手間が掛かる上[*1]，ピンの損傷など事故も多く，これがソフト変更の大きなネックとなっていた．最近はROMがフラッシュメモリとなり，外部からの電気的な書換えができるようになってきた．しかし，機器ごとにPCなどを接続して行う必要があるなど手間が掛かることは避けられなかった．しかし，列車内に伝送系が導入されることで，例えば運転台から一括してあらゆる接続機器にデータを送り込めるようになってきた．これは列車伝送系の整備により，初めて可能となったことである．

リモートローディングは，機能的に大きく3種類に分類できる．一つは，データ領域のみか，プログラム領域も含む書換えかであり，さらにデータ領域にも，固定領域の書換えと，切替え領域部分の書換えがある．例えば，ダイヤ改正前後でデータが異なる場合は，変更前のデータと変更後のデータを両方保持しておき，ダイヤ改正時刻を境に前後の使用データ領域を切り替えることになる．一般に広く行われる通常の，固定のデータ領域のみを直接書き換える場合では，書換え時に通常の制御動作に異常をきたさないように，通常動作を停止して書換えモードに移行した後に実行しなければならない．

他方，時限によりデータ切替えを行うケースでは，切替え期限以降に使用するデータはそれまでは未使用であるため現行の制御に影響を与えることはなく，あえて現状の制御を停止させることなく並列処理として書換えを実行させることもできる．広告表示などのコンテンツローディングの切替えには効率的である．また，この例にならって固定領域の書換えであっても現行とは別の領域に書き込み，書換えの前後で参照先を換える方法をとることもできる．

一方，プログラム領域まで書換えを許容する場合は十分慎重に行う必要がある．書換えに失敗すると最悪リモートローディングさえ不可能になってしまう可能性もあるからである．したがって，正常にならなかった場合は強制回復するといった手段の装備をあらかじめ用意しておくことなどが必要となる．また，ロー

＊1　16両編成の各車両床下機器のROMを20編成分すべて取り替えると考えればわかるだろうか……．

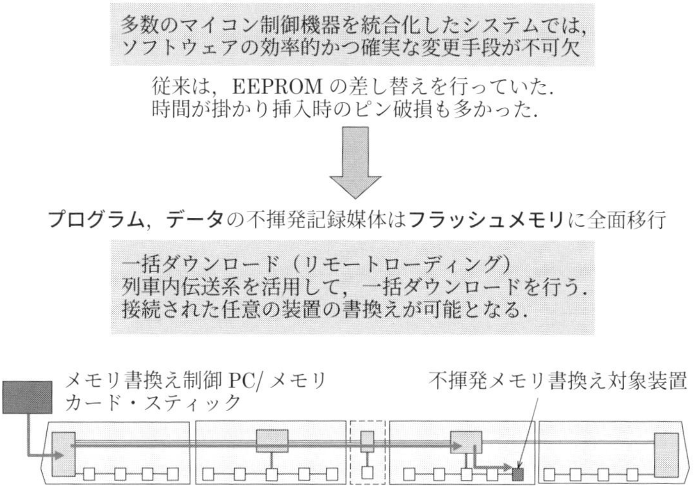

図 7.10 | リモートローディング

ディング後の機能チェックも，例えば自動試験（チェック）機能を利用して行うなど万全の備えが必要であろう．

第 8 章

TCMS の基本要素技術

TCMS を構築するにあたっては，列車特有の技術的要件の組込みが必要となる．本章では，これら列車特有の要素技術について述べる．

8.1 速度発電機による距離・速度・加減速度検知

鉄道車両制御の最も基本的な情報として，自列車の位置，速度，加減速度がある．これを検出する手段はさまざまに考え得るが，いまだに世界中で使用されているのが速度発電機，SG（Speedometer Generator）または TG（Tachometer Generator）と呼ばれる車輪の回転に比例してパルス信号を発生させる速度センサである．これは鉄道車両の情報通信技術にとって非常に重要でありながら，あまり認識されていない鉄道車両特有の仕組みを持っており，本節では，これを基本原理に遡って説明する．

(1) 列車の速度

「列車速度」とは，車輪がレール面上を滑ることなく転がる際のレール接線方向への移動ベクトルであり，線路の勾配や曲線に従った列車の運動方向となる（図 8.1 参照）.

図 8.1 ｜列車の速度ベクトル

物理量としての速度 V は,

$$V = \frac{dx}{dt} \tag{8.1}$$

で表される位置 x の時間微分をとった連続値であるが，実際の車載機器においては，一定時間当たりの移動距離計測による平均速度として離散的に演算される.

$$V = \frac{x_2 - x_1}{t_2 - t_1} \tag{8.2}$$

速度の単位としては，日本の列車運転では基本的に「時速〔km/h〕」が用いられる.

(a) パルス数計測による速度演算

鉄道車両における最も基本的な速度センサは，車輪の回転に伴ってパルスを生成する「速度発電機」である．車載のマイコン制御機器においては速度情報もデータとして扱う必要があり，速度発電機からの信号はデジタル的にカウントされた上で速度演算が行われる．このため，センサ出力のアナログ正弦波信号はフィルタで不要なノイズ成分を除去された後，波形整形され，デジタル処理用のパルス信号（矩形波）に変換される.

このパルス数計測による速度 V〔km/h〕は次式で表される.

$$V = \frac{3\,600 \cdot \pi \cdot D \cdot N}{P \cdot t \cdot 10^6} \tag{8.3}$$

ここで，N：計測パルス数，t：サンプリング時間〔s〕，P：速度センサのパルス数/回転，D：車輪径〔mm〕，π：円周率である.

すなわち，列車速度は，単位時間当たりの計測パルス数に比例することがわかる.

(b) 速度検出精度と検出周期

パルス数（整数値）演算方式では整数値カウントを行うことにより，原理的に±1 パルス分のカウント演算誤差を持つことになる．この演算誤差により，速度検出精度とサンプリング周期との間には相反する関係が生じる．すなわち，検出精度を高めようとすればサンプリング周期を長くとる必要があり，サンプリング周期を早めれば検出精度は低下してしまう.

具体的には，90 パルス/回転の AG20 形速度発電機により車輪径 860 mm

で，±0.1 km/h の速度検出精度を得るためには，1.08 s のサンプリング時間を必要とし，±0.5 km/h の精度でよければ 216 ms のサンプリング時間と短くすることができる．これが±1 km/h の精度でよければ，108 ms のサンプリングでよいことになる．実用的には，1 km/h 以下のバラツキを抑えるため 200 ms のサンプリング時間とし，±0.6 km/h の演算誤差を見込むといったことが行われている．

(c) 速度演算値の更新頻度

例えば，約±0.2 km/h の誤差を見込みサンプリング期間を 500 ms と設定したとすれば，500 ms ごとにしか速度データが得られないかといえばそうでもない．確かに±0.2 km/h の精度で速度検出するためには過去 500 ms 分の値を用いる必要があるが，この検出時間とデータの更新タイミングは切り分けることができる．すなわち，データ精度は 500 ms 分を保証するが，データ更新は 100 ms ごとに細かく行うといったことが可能である．

例えば 100 ms ごとにサンプリングを行い，速度演算としては過去 5 回分の値を積算した上で行い，これを 100 ms ごとに繰り返すといったことが可能である．結果として 100 ms ごとにデータ更新が行われることになる．このように，サンプリング周期を短くすればいくらでも更新頻度を短くすることはできる．ただし，その値は常に直前のサンプリング期間の平均値という遅れを伴ったものとなる（図 **8.2** 参照）．

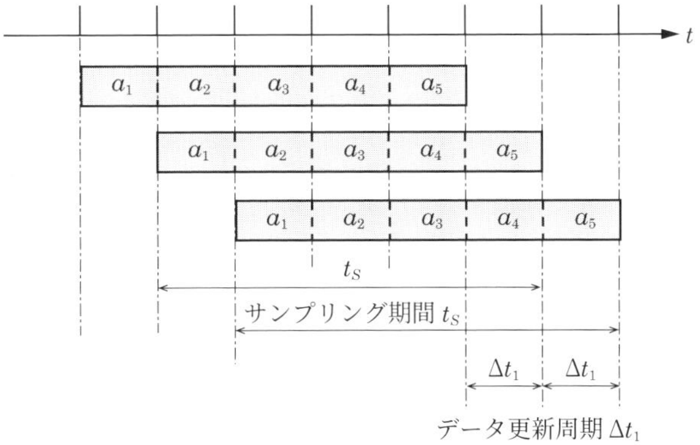

図 8.2 ｜ サンプリング期間とデータ更新周期

(d) 車輪径補正による誤差

車輪の回転に基づく速度センサの本質的な課題として，「車輪径設定作業」がある．式（8.3）で示すように，速度検出値は車輪径に比例するため，実際の車輪径と演算上の設定車輪径との差がそのまま検出誤差となってしまう．装置の速度検出部には「車輪径設定スイッチ」が設置してあり，あらかじめこの値を実際の車輪径に最も近い値に設定しておく必要がある．車輪径設定値は初期のものは10 mm ピッチであったが，検出精度を要するようになり 1 mm ピッチとしているものが多くなった．

(e) 滑走，空転対策

車輪回転に基づく速度センサの宿命として，車輪の空転，滑走時の検知誤差の発生がある．雨天などにより車輪・レール間の粘着が低下したとき，力行時の空転現象，ブレーキ時の滑走現象が発生する．以下に，その対策を述べる．

・高位優先

あらかじめ複数軸に速度センサを取り付け，各速度センサ出力の高位速度を優先して取り込む．これにより 1 軸のみが滑走した場合は，非滑走軸からの正しい速度を取り込むことができる．ただし，これが同一台車内であれば 2 軸の同時滑走に至る可能性も大きく，この場合，当然ながら高位優先をとったとしてもその影響を排除できない．

・加減速度検知

大きなブレーキ力によってレール・車輪間の粘着がとれなくなると滑走を起こし，車輪回転数は急激に低下する．このとき，通常のブレーキ減速時には発生しない大きな減速度が検出される．この過大な減速度を検知することで滑走と判定し，それ以前の速度もしくは減速度により補完演算を行うことがなされている（**図 8.3** 参照）．この減速度判定閾値は，最大上り勾配における最大ブレーキ減速度より大きなものとし，正常なブレーキ動作とは区別しておく必要がある．

やがて粘着が回復すれば，車輪回転は加速に転じ再粘着によるブレーキ動作に復帰する．

・空転検知

一方，力行制御を行う推進制御装置では，力行時の空転が問題となる．こちらも基本的には通常ではあり得ない過大な加速度が検出された場合に空転とみなしている．複数軸の速度計測値が得られる場合は，原理的に空転が発生しない付随

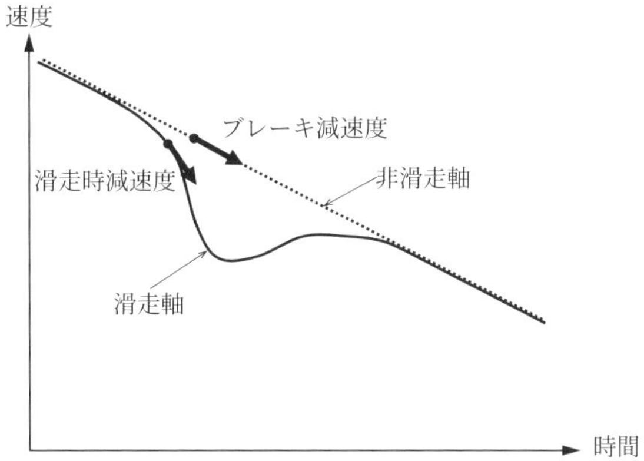

図 8.3 │ 減速度による滑走検知

台車（T 軸）との比較が有効となる．

（f）断線検知

速度発電機のコイルなど回路の一部でも断線，故障すると信号が送られなくなり，検出速度が 0 km/h となってしまう．これは走行中であっても停止と判断することになり，危険側の動作となってしまう．特に保安装置ではこうした事態を防ぐために，複数センサ回路の高位優先をとるほかに，断線検知回路も備えている．これは，速度発電機出力のコイルを含む回路で自励発振回路を構成し，断線，故障時にはこの発振が停止することにより，検出するものである．この発振周波数は停止検知速度（例えば 5 km/h 以下）よりも低い速度（例えば 2〜3 km/h）に設定しておく．正常であれば停車中であっても常にこの低い等価速度を検出し，停止検知かつ正常との判断を行うことができる．走行を開始すれば，速度発電機の出力が基本発振波形を上回り，これにまったく影響されることなく，回転数に応じた正規の速度信号のみがカウントされることとなる．

（2）列車の加減速度

列車の加速度も速度同様，車輪とレール接線方向の速度変化量となる．物理量としての加速度 α は，次式で表される速度の時間微分をとった連続値となる．

$$\alpha=\frac{dv}{dt} \tag{8.4}$$

この値には正負があるが，列車の運動としては負の値を「減速度」として区別している．実際の車載機器においては，速度と同様一定時間当たりの速度の差分を用いた平均加速度として離散的に演算される．

$$\alpha=\frac{v_2-v_1}{t_2-t_1} \tag{8.5}$$

列車運転で使用する単位は，基本的に「時速毎秒〔km/h/s〕」であるが，物理量として〔m/s^2〕を用いることもある．

(a) 加速度検出精度と検出周期

加速度検知は速度の差分を用いるため，速度検知の2回分の演算周期を必要とし，そのうえで差分による桁落ちを補償するためにさらに長い演算周期を要する．加速度は速度の差分であるため，最大速度範囲に比べ，最大加速度範囲は絶対値が小さい．ATOなどでこれを制御に用いようとすれば，かなり高精度な分解能を必要とする．

例えば，±0.1 km/h/sの精度を得ようとすれば，速度精度±0.05 km/hの速度データ二つの差分をとる必要がある．例えば前出のAG20形速度発電機において，±0.05 km/hの精度を得るサンプリング周期は2.16 s，これとオーバーラップしない速度検出2区間分は4.32 sということになる．ただし，こちらも倍周波数化すれば，2.16 sと半減することができる．

(b) 加速度値の更新周期

加速度を検出するには上記のサンプリング時間を要するが，加速度値の更新周期も速度検知と同様「ずらし演算」により細かく更新することができる．例えば，演算に2秒間を要するとしても，200 msピッチで値を更新していくこともできる．ただし，この場合も常に演算時点から過去2秒分のデータを用いて演算している（2秒間の平均値となる）ことには変わりがない（**図8.4**参照）．

(3) 移動距離の計測

車輪の回転に伴って発生するパルスを積算すれば，移動距離を計測することができる．ただしこれは，距離計測開始点からの相対距離となる．したがって，列車の現在位置を求めようとすれば距離計測開始時に地上側の基準点が必要となる．パルス積算による移動距離 d〔m〕は次式のようになる．

$$d=\frac{\pi\cdot D\cdot N}{1\,000\cdot P} \tag{8.6}$$

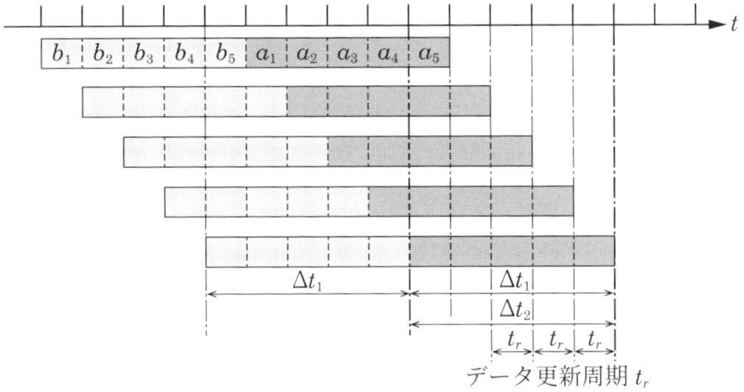

$$\alpha=\frac{\dfrac{a_1+a_2+a_3+a_4+a_5}{\Delta t_1}-\dfrac{b_1+b_2+b_3+b_4+b_5}{\Delta t_1}}{\Delta t_2}$$

図 8.4 ｜加減速度演算と更新周期

ここで，N：積算パルス数，P：速度センサのパルス数/回転，D：車輪径〔mm〕，π：円周率である．

(a) 距離の演算誤差

パルス積算による距離演算も速度計測と同様の誤差が発生し得る．最も大きく影響するのが車輪径設定値である．これも車輪径設定値と実際の車輪径との差がそのまま誤差につながる．これは比例関係にあり，「設定車輪径/実車輪径」が距離計測誤差として積算されていく．

そのほか同様に，車輪回転センサの宿命として「空転」「滑走」による車輪・レール間の滑りによる距離計測誤差が発生する．空転すれば実際の位置より進んでいると演算され，滑走すれば実際の位置より進んでいない（後方にいる）と演算されてしまう．この対策としては速度の項で述べたものと同様に，複数軸比較や加速度を用いた空転・滑走検知による補間処理を行う．

(b) 位置検知の地点補正手段

速度センサからのパルス信号積算による距離は，基本的にある地点からの相対距離となる．したがって，キロ程（起点からの延べ距離程）などの絶対位置を現すためには，基準となる位置を取得し，そこからの積算距離によって位置を定めることになる．このための基準位置としては以下の手段を用いる．

・地上子（ID プレート）：設置位置情報，ID とデータベース参照

・ATC 軌道回路境界：発点からの相対順序による位置補正
・駅停止点（停止かつドア開閉）：駅間停止の除外可，発駅および相対順序による位置補正

8.2 速度発電機以外の位置・速度検知方式

今なお列車の位置・速度検知手段としては，速度発電機によるものが基本となっているが，情報通信技術の進展に伴い，ほかの手段も取り込まれるようになった．本節では，実際に列車に搭載されたものを例として挙げるが，近い将来大幅なコスト低下と共に採用が増えていくと考えられる．

(1) GPS による位置検知

今や GPS は生活のあらゆる場所で身近なものとなっており，その採用コストも格段に低下してきている．鉄道の分野でも早くから注目され，多くの試験が実施されてきた．その特質さえ把握していれば，補助的手段として十分に活用が可能な段階にある．

GPS の用途として，在線位置確定までの暫定初期値取得や，精度を要求しない大まかな位置把握に利用することができる．ただし，GPS を列車の位置検知手段として用いる場合は，以下の点を考慮する必要がある．

(a) 検知条件

当然ながら GPS 衛星からの電波受信が前提となることから，受信アンテナ上空が開けた地点でなければならない．また，位置を確定するためには最低 4 個の衛星からの電波を同時受信することが必要で，同時受信衛星数が多いほど検出精度も向上する．このため，衛星受信ができないトンネルや地下区間では利用することはできない．また，駅舎や周辺のビルの電波反射の影響でマルチパス受信となり，位置検知誤差を生じることもよくある．これによる誤差は大きく，100 m オーダーにも及ぶことがある．

(b) マップマッチング

GPS により得られる位置情報は基本的に緯度，経度値である．一方，鉄道の世界では，キロ程による起点からの路線運転距離が用いられる．このため，GPS より得られる緯度，経度情報をキロ程に変換するためのマップマッチング

が必要となる．これは平面地図上に線路と対応キロ程を登録しておき，GPS により検出された位置を最寄りの線路上に投影し（垂線を引く）対応するキロ程を取り出すものである．実際には連続して緯度経度データを保持すれば膨大なデータとなるため，適当なサンプリング点データのみを蓄えておき，そのデータ間は直線補間するなどの手法を用いている．

（c）GPS の精度向上

GPS 衛星からの信号を受信し自位置を特定する方法は，ほかからの補助手段を用いない，いわゆる単独測位が主となる．

このほかに，基準地上局からの位置補正信号を受信し検知精度を高める D-GPS 方式がある．自局位置が正確にわかっている基準地上局が，GPS 衛星からの信号受信によって得られる検知位置と正確な自位置との差分を補正値として送信することにより，誤差補正を行うものである．このためには基準局との通信回線が別途必要となるが，補正後のより正確な値を得ることができるようになる．基準局との距離にも依存するが，概ね 1 m 以下の位置精度が得られるといわれている．これであれば，隣接在線線番との区別も付けることができるレベルとなる．また最近では，準天頂衛星の打ち上げにより，さらに精度向上が図られている．

（2）ミリ波速度センサ

車輪の回転によらない対地との絶対速度を求める方式が研究されており，中でもミリ波レーダの開発が大きく進展してきている．すでに自動車向けとしては実用化が進んでおり，大幅なコスト低下が進んでいる．速度発電機の欠点を補うものとして，ミリ波速度センサは将来の列車用速度センサの本命であろう．

（a）基本原理

ミリ波とは，波長が mm オーダーの電波帯であり 30 GHz～300 GHz となる．実際に用いられているのは電波法上の帯域から，24 GHz，60 GHz，76 GHz が主なものとなる．このうち 24 GHz 帯は波長が約 12 mm と若干長く，サブミリ波と呼ばれる．

ミリ波レーダによる速度検知は基本的にドップラーシフトを用いる．これは周波数が相対速度に応じて偏移する現象を捉えたもので，この周波数偏移量が速度に比例している．

車上にミリ波センサを取り付け，地面に向けて斜めに照射し計測する場合は，得られた相対速度から列車の進行方向成分に分離する必要がある（**図 8.5** 参照）．

この検出速度と列車の走行速度との関係は次式のようになる．

$$V = \frac{C}{(2f + f_d)\ \cos\theta} f_d \tag{8.7}$$

ここで，V：計測速度〔m/s〕，C：光速，f：送信周波数〔Hz〕，f_d：周波数変化量〔Hz〕，θ：地面への照射角度である．

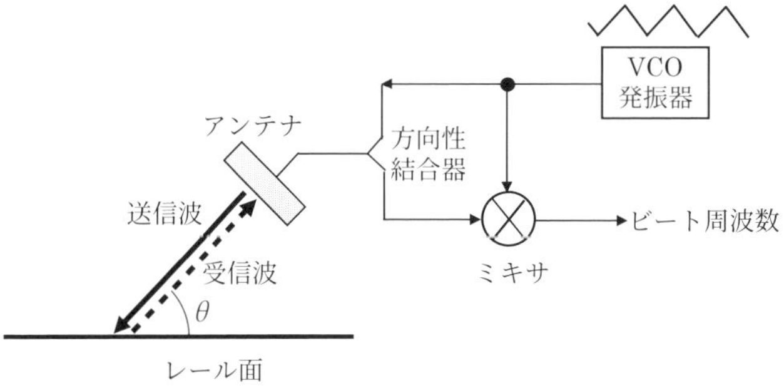

図 8.5　ミリ波速度センサの構成例

(b) 速度検出回路

ミリ波帯において比較的低速（100 km/h 内外）の速度を信号として取り出すための実際的な手段として FMCW（周波数連続変調）方式によるものがある．FMCW は，出力周波数を連続的に繰り返し変化させ，これを対象物からの反射波と合成してビート信号を取り出して速度検出する方法である．このビート信号を計測することで対象物までの距離と相対速度を同時に求めることができる（**図 8.6** 参照）．

なお，反射対象物までの距離については，ミリ波踏切障害物検知装置でも利用されている．これで対象物が踏切制限領域内に侵入したか否かを判定している．

(c) 平滑化

FMCW では非常に短周期で計測値が得られるが，それぞれの値は電波の特質により揺らぎを持った値となる．これは，微小なさざ波を伴った検出波形となる．これを速度発電機の計測値と直接比較すれば明らかであるが，平均値は合致

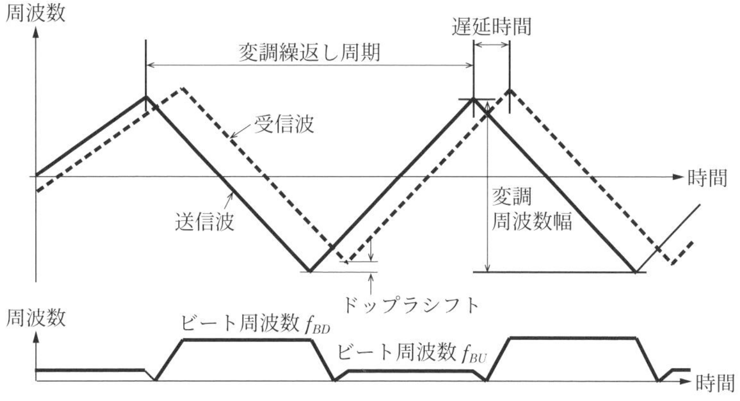

図 8.6 ｜ FMCW の信号処理

するものの細かな速度振動が生じているように見える．ところが実際の列車速度は巨大な質量を伴った運動であり，列車全体として滑らかな動きを示す．このため，計測値の移動平均をとるなどして，平滑化した後の値を採用する必要がある．

(3) ジャイロと加速度センサ

航空機においては，ジャイロと加速度センサを用いた慣性航法が用いられている．これは，外部からの信号を用いることなく自身のセンサを用いた自律航法の一つである．従来，機械式の回転ジャイロが用いられてきたが，光ファイバセンサ方式の進展に伴い，精度，安定性，コストが大きく改善されてきている．

これを鉄道車両に適用する研究が進められているが，航空機の場合と同様，初期値を正確に合わせておくことが必要となる．加速度センサの場合，高精度に検知しようとすれば列車の細かな振動や動揺も検知してしまうため，これらをいかに効果的に取り除いていくかも課題となる．さらに，常に重力加速度の影響を受けており，勾配や曲線でのカント（傾き）や遠心力に対する補正が必要となる．他方，一部のカーナビでは GPS と併用し，電波非受信時にはこれで補完するといったことも行われている．

8.3 共通時刻情報

列車内を無数の情報が行き交い，それらが動作履歴，運転記録，故障記録，監視映像記録などとして蓄積されていく．これらすべての記録情報を相互に関連付け，一貫性を持たせるための重要な指標が，列車内共通時刻情報である．システムの中枢部で管理している時計カレンダーデバイスからの時刻情報を列車全体にリアルタイムに配信する．これを各情報のタイムスタンプとして利用することで，列車内で一貫した共通の情報連携を実現することができる．

この基本となる時計は従来，例えば月に1回程度，人手による時刻合わせを行っていた．しかし，いったん設定した後は，恒温状態とは程遠い車載環境では月差数十秒といった誤差が避けられない．水晶発振子の性能保証値に従えばこれより遥かに大きい誤差も覚悟しなければならない．そのため，人手によらず自動的に時刻補正できる手段が求められていた．その一つが電波時計によるものである．しかし，補正までに分単位の時間が掛かること，その間安定して受信できなければならないこと，感度の高いアンテナは大きいこと，安定受信できる場所が限られることなどにより，あまり普及していない．

その代わりとして，現在最も使われているのがGPS受信によるものである．GPSは元来，位置情報を得るためのものであるが，その基準信号として高精度の時刻情報を用いており，これをGPSデータの一部として受信することができる．GPSでは，全天に多くの衛星が周回しており，捕捉のチャンスが大きい．また，データ受信後直ちに補正可能である．そして，その普及と共に受信モジュールの価格が大きく下がり，時刻補正のためだけに用いても十分に引き合うものとなってきた．

GPSでも天空が開けているなどの受信可能な範囲は限られるが，時刻補正用途であれば，1日に1回以上受信できれば十分である．これによって，人手によらずとも，常に秒単位の正確なタイムスタンプを付けることが可能となる．

8.4 フェールセーフ伝送系

ATCのような列車の保安装置では，いかなる異常や故障が発生しても（必ずブレーキ側出力がなされるといった）安全側に動作するフェールセーフ性が求められている．

保安装置からのブレーキ出力には一般的に非常ブレーキ系と常用ブレーキ系がある．このうち，非常ブレーキ系は，断線，非加圧でブレーキ動作となるなどフェールセーフ構成となっている．一方，常用ブレーキ系は，断線，非加圧ではブレーキ非動作となり，フェールセーフ構成とはなっていない．

したがって，常用ブレーキ指令系をそのまま伝送系に置き換えた場合は，従来通りの非フェールセーフなシステムとなる．しかし，保安装置に伝送系を直接接続する場合に，保安装置の延長として常用ブレーキ系であってもフェールセーフな伝送系で構成できないかという考えがある．そこで作り出されたのがフェールセーフ伝送系である．

(1) フェールセーフ回路

列車の保安装置で一般的に使われるフェールセーフ動作は次のように定義可能である．すなわち，「機器にいかなる異常が発生したとしても，必ずブレーキ動作側の出力となること」である．

一般に機器内の回路が故障した場合，例えば半導体を用いた回路では，故障モードに応じてオープン（開放）故障とショート（短絡）故障のいずれもが起き得る．結果として故障発生時のブレーキ出力についても動作，非動作のいずれの側にもなり得ることになる．したがって，そのままではフェールセーフとはならないため，フェールセーフを実現する装置では，個々の回路がオープン故障，ショート故障のいずれにおいてもブレーキ出力側に動作するように特殊な回路構成を用いている．

この中で最も基本的な回路構成例として，「励振回路」方式がある．これは，通常は励振状態で発振しており，ブレーキ出力時にはこの励振を停止させるものである．ここでは，「オン」と「オフ」という 2 値ではなく，「励振」状態と「非励振（停止）」状態の特殊な 2 値を用いることになる．このため，回路素子がオープン側，ショート側のいずれに故障しても出力が High もしくは Low 側のいずれであっても固定され，励振出力とはならないようにしてある．したがって，故障した場合は励振が停止し，常にブレーキ出力側に倒れることになる．従来こうした回路は特殊であり，一から設計する必要があるため，任意の回路が構成できるディスクリートな部品を組み合わせて作られていた．

(2) CPU 制御のフェールセーフ化

しかしながら，保安装置も機能が高度化してくると従来のディスクリート回路の組合せでは実現が困難となってきた．例えば，地上からの信号を受信し，これで示された信号境界手前を終点とする連続的な車上照査パターンを発生させ，このパターンと速度照査しながら制御を行うというような高機能を持たせようとすれば，どうしてもマイコンの導入が不可欠となる．とはいえ，マイコンそのものは出来合いの市販部品であり，それ自身では厳密なフェールセーフ回路を構成することができない．FPGA や CPLD といったユーザ側でカスタム設計可能なデジタル回路を用いて，フェールセーフなハードロジックを構成するにも，あまりにシステム機能が高度化しており，現実的な解決策とはなり得なくなってきた．そこで考え出されたのがデュアル CPU によるフェールセーフコンピュータである．

これは，二つの CPU の動作を常時比較し，不一致となった場合に励振を停止し故障モードとするものである．CPU の動作は複雑であり，異常発生時にどのような動作となるかは一意に定めることができない．しかしながら，異常状態となれば，必ず正常動作とは何らかの動作が異なるはずである．二つの CPU を常時比較していれば，いずれか一方が異常となれば動作状態が異なることになる．この場合どちらが異常でどちらが正常かは特定できないが，どちらかが異常であることは判定できる．

この比較回路の下流以降は，ディスクリート回路で従来と同等の厳密なフェールセーフ回路とすることができる．車上のいわゆるフェールセーフコンピュータは基本的にはすべてこの比較方式となっている．この比較回路の比較対象はマイコンバス（バス比較方式）であったり出力データ（シリアルデータもしくはパラレルデータ）であったりさまざまであるが，比較していることは同じである．バス比較方式はタイミングが非常にシビアであり，わずかな動作の違いも検出してしまい必要以上に故障と判定される確率が高い．

(3) ソフトウェアダイバーシティ

二つの CPU を比較するに当たって，二つの CPU の各ソフトウェアをまったく独立した二つのグループによって作成したものを比較する「ソフトウェアダイバーシティ」と呼ばれる方法を採用している例がある．これはソフトウェアに共通で何らかのバグが内在していれば，両者のCPUが共に同じ動作で異常状態に陥る可能性があることを考えてのことである．

この方式では，内部のソフトウェアの動作は完全に同じではなく，ブラックボックスとして出力が同一となるように動作している．したがって，この方式の場合は，厳密なバス同期方式は使うことができず，出力比較方式が大半である．また，両者のソフトウェア動作を出力タイミングも含めて，より厳密に仕様定義した後，ソフトウェア製作に掛かる必要がある．

一方で同一のソフトウェアを用いる比較方式は，基本的にソフトウェアは十分な試験を実施しフェールアウトとなるバグは取り除いてあるという前提である．これを保証するためにはレアケースも含めた十分な検証が必要である．正常動作からの逸脱に重点を置いた方式といえる．ソフトウェアダイバーシティ方式は，ソフトウェアの内在バグが残り得る可能性を前提としたものと考えられる．この方式は初期コストが掛かるが，保安装置のように同一ハードウェアのものが大量に製作される場合はさほど問題とはならない．ただし，検証方法は十分な検討が必要である．あらゆるケースで正常時動作が一致しなければ，正常であるにもかかわらず故障と判定してしまうからである．

(4) フェールセーフ伝送系の構成

高機能な伝送系を構成するにはマイコンの使用が不可欠であり，フェールセーフ化するに当たっては基本的にデュアルCPUによる方式となる．**図8.7**にデュアルCPUによるフェールセーフ伝送系の構成例を示す．

ここでは伝送制御CPUの相互の出力電文を比較している．この段階は出力直後であり，通常起こり得る伝送路上のノイズによるエラー出力はないとみなすことができる．そのため全電文出力を直接相互比較することができる．相互で比較した結果，同一であればそれぞれ励振パルスの出力を継続する．二つの励振出力はフェールセーフな励振AND回路で結合され，双方からの励振が継続している場合のみ励振出力となる．この励振出力を整流し，励振が継続している間はリレーが励磁され，a接点（励磁時接触）を通じて伝送出力を装置外へ接続している．いずれか一方の（正常な）CPUが異常を検知すれば励振を停止し，伝送出力は切断されることになる．

この伝送系は二重系構成となっており，受信側では通常の正常時は2系のい

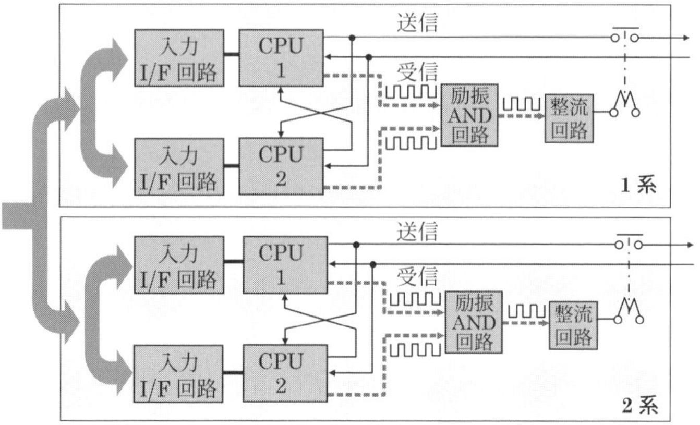

・デュアル CPU の相互比較で故障を検知する
・フェールセーフ動作：異常時に伝送断とする
・異常発生時には正常系側データを採用する

図 8.7 ｜フェールセーフな指令伝送系の構成

ずれか一方の指令を採用し，片系の異常発生時には正常受信側の指令を採用する．両系とも異常となった場合は，フェールセーフ側（ブレーキ出力側）の動作を行う．ただし，両系は電源も含め絶縁された完全な独立回路となっている上，特に高い信頼性を目標に設計製作されており，伝送装置自体の異常で 1 運用時間内に両系ともダウンしてしまう確率はきわめて低い基準値以下に留めている．それでもなおかつ両系異常となった場合に備え，伝送系の開放手段が必要となる．

8.5 表示および映像関連の装置

列車伝送系 TCN の高速化に伴って，車上においても映像や音声を用いるマルチメディア系の情報表示が可能となり，これに対応した車載機器が導入されてきている．以下に，こうした装置の車載機器としての特徴について述べる．

(1) 運転台ディスプレイ

従来の機械式メータや表示灯に比べ，運転台ディスプレイの最大の特徴としては，自在に表示内容を変えることができ，その時点で必要な情報だけを集約し，タイムリーに提供できる点にある．

列車の運転台においても，電子化，高機能化の進む車載機器監視のための列車モニタリング装置の導入に伴い，その基本的 HMI（ヒューマンマシンインタフェース）として当初より運転台ディスプレイが装備されてきた．そのほかにも，さまざまな運転支援機器や保安装置が増設されてきており，それらが個別の操作部，警報，表示部を持てば，咄嗟《とっさ》の場合の判断ミスを招く要因ともなりかねない状況もある．

また新たに，必要に応じてタイムリーに監視映像などの動画を表示することも要求されつつある．長大編成の多様な情報が集中し，複雑化，高機能化が進む列車の運転台においても，より扱いやすく統合化された運転台としての表示・操作系が要求されてきている．そこでは単に個別機器情報を多く詰め込んだ表示媒体としてではなく，全体機能を見通し，マルチディスプレイの活用により適度に階層化された高機能運転台への移行が，グラスコックピット化が進む航空機ならずとも必然といえよう．

(a) ディスプレイ式運転台のシステム構成

運転台において，タッチパネル付き液晶ディスプレイを基本としてまとめた構成例を**図 8.8** に示す．

ここでディスプレイは，表示内容の役割分担と運転台スペースを考慮し 3 台

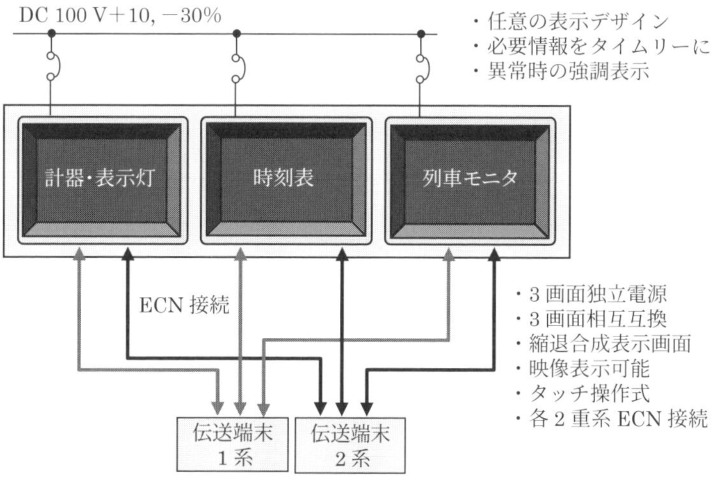

図 8.8 ｜ 3 画面互換標準ディスプレイ式運転台

構成としている．この構成で重要なのが，3 台ともすべて同一ハードウェアとし電源，伝送系も並列系接続とすることで，相互に完全な表示互換性を持たせていることである．すなわち，各ディスプレイは，二重系構成の伝送端末中央装置の各系と高速のイーサネット回線で接続され，電源系統も，それぞれ独立した NFB を持ち，無停電の DC 100 V バッテリ電源から供給している．

こうした構成とすることにより，いずれか 1 台のディスプレイが異常になっても，直ちにほかのディスプレイで代替可能となる．このため，必要なあらゆる情報が中央装置からイーサネット伝送系により自在にアクセスできることが重要である．1 台がダウンした場合に，ほかの 2 台に振り分けることで情報を損なうことなくカバーすることもできる．それぞれが完全に独立した系であり，1 運用中に 2 台ともダウンする確率は非常に低いが，最低限 1 台が残りさえすれば，運転継続に不可欠な情報をこれに集約し，列車機能を維持することができる．

(b) 基本的な表示内容

3 面のディスプレイに対する基本的な表示内容の分担例を以下に示す．

・運転情報

従来の，メータ，計器，表示灯など運転に必要な基本表示を一括して示す．

計器，表示灯機能では，従来の速度計，圧力計などの計器，運転知らせ灯などの表示灯を一括してまとめることができる．ディスプレイ化による大きな特徴として「異常時強調表示」がある．

圧力や速度が規定値を超えると，通常のグリーン系表示から赤系の警告表示に切り替える．また，点滅させることにより，より強調させることもできる．さらには，ひと回り大きく拡大して強調させることもできる．警告音を出し，応答するまで鳴り続けることで強制的にアクションを起こさせることもできる．このように，従来の機械式計器では不可能であった異常時のアクティブな動作機能を実現することができる．

最重要表示灯ともいえる「戸閉知らせ灯」についても，球切れで運行停止になることを思えば，3 重系の画面表示の方が高い信頼性を持つとも考えられ，これを表示装置内に表示させることに特段の障害があるともいえないであろう（**図 8.9** 参照）．

・時刻表情報

時刻表のうち，現在地点を中心とする時刻表情報を表示する．タッチパネルに

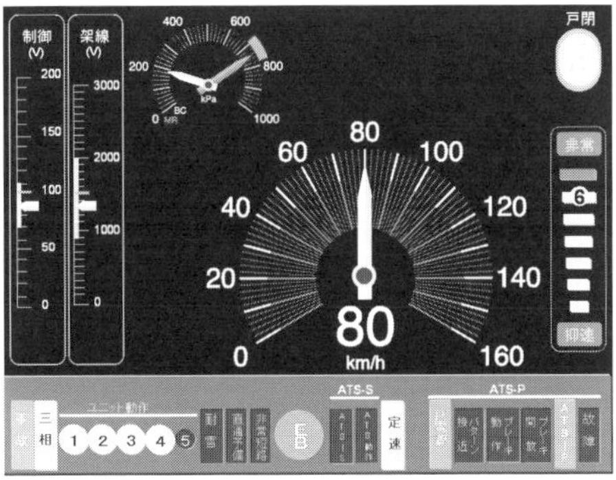

図 8.9 │ 計器・表示灯画面案

よる従来のL字確認（次チェックポイントを指でL字になぞる）にも対応している．

時刻表表示もディスプレイならではの特徴を発揮できるものである．基本的には，列車の現在位置に応じて若干の過去位置分と多くの先行位置分を自動表示する．これにより，対応する列車位置とダイヤ時刻の関係を明確に把握することが可能となる．また，画面をタッチすることで従来のいわゆるL字確認への応答を返すこともできる．

このように，現在位置と次のチェックポイントを的確に認識することができる．

また，紙では不可能な機能として，時刻表と実際の通過時刻の差分を表示することも可能となる．

時刻表情報の場合，当該データの確実なローディングが不可欠である．現在一般的なのは，非接触式ICカードを乗務員が携帯し運転開始時にカードリーダーに挿入するものである．これを，地上からの無線データ伝送とすれば，人手によらずとも確実に当該データが記憶され，ICカードの不具合，差し間違いなどによる運行阻害を防ぐことができるようになる．地上・車上間伝送が普及するに従ってこちらに移行していくことになろう．時刻表表示画面2案を**図 8.10** および**図 8.11** に示す．

・モニタ（監視）情報

列車内情報の汎用表示器である．従来のモニタリング装置やTCMSの表示端末装置に相当し，非常に多機能なマルチファンクションディスプレイである．す

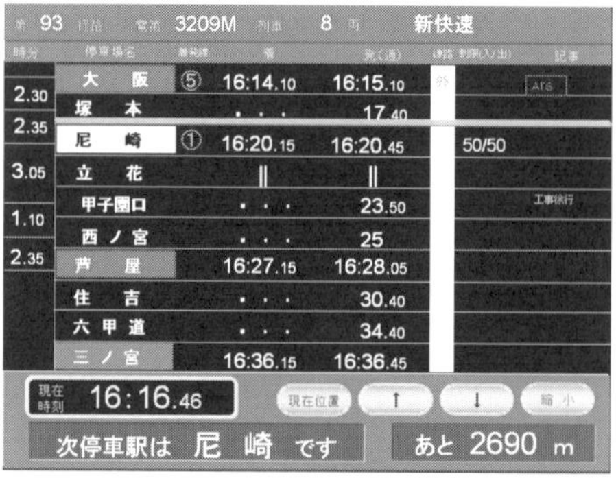

図 8.10 ｜時刻表表示画面案①

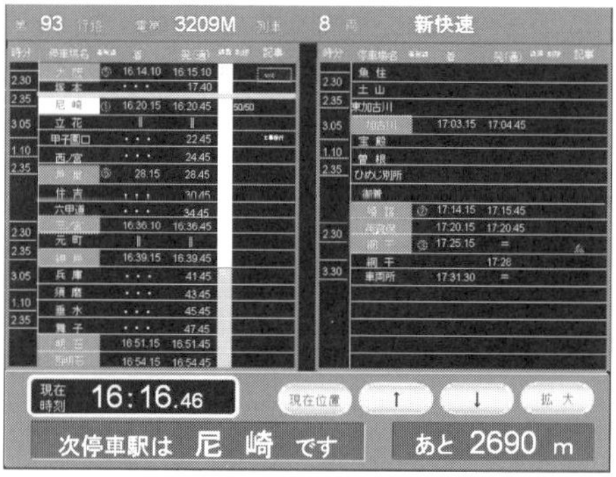

図 8.11 ｜時刻表表示画面案②

なわち，ドアの開閉状態，空調の設定状態と客室温度・湿度などの機器状態情報表示，機器故障などの異常発生時の状況および処置ガイダンス，指令からの運転通告情報，非常通報時の客室映像，ドア閉時のドア監視映像など，必要に応じて任意に選択あるいは自動表示を行うことができる．

これらは必要に応じて任意に呼び出すことができ，非常に効率的にディスプレイを活用している．また，異常発生時のガイダンス表示は，当該事象発生時に自動的に表示されタイムリーに的確な処置を行うことを支援している．また，表示装置の高機能化とイーサネット伝送系の高速化により，映像情報を扱うことも可能となり動画を滑らかに再生することができる（運転通告，運転情報画面の表示案．図 8.12，図 8.13 参照）．

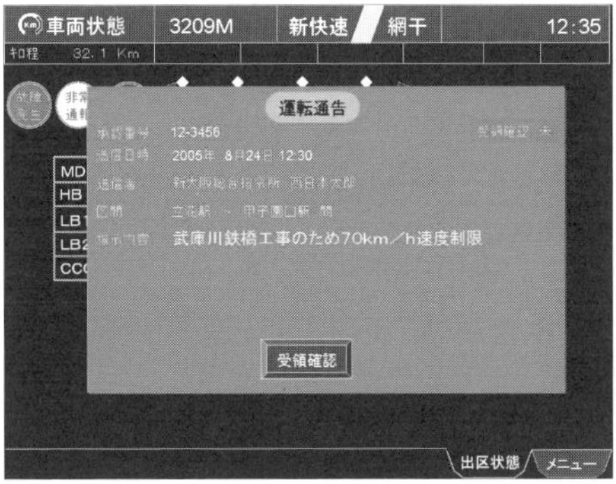

図 8.12 ｜運転通告表示画面案

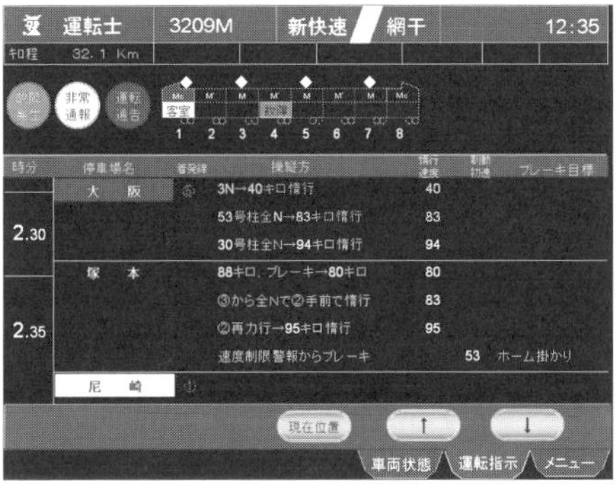

図 8.13 ｜運転情報表示画面案

(c) 異常時縮退複合表示

1台が異常となった場合に必要な表示画面を切り替えることができるが，そのほか特に「計器・表示灯画面」と「時刻表表示画面」のいずれかの画面が異常となった場合に，両画面の情報を縮小表示することで，システム機能を損なわずに運転を継続することもできるようになる．

両者の表示内容を統合し，簡略表示とした「異常時縮退画面」によってカバーした例を示す（**図 8.14** 参照）．

これは，最小限必要な情報をコンパクトにまとめたものである．手動切り替えのほか，中央装置により，異常を検出すると自動的に異常時縮退画面を表示させることもできる．

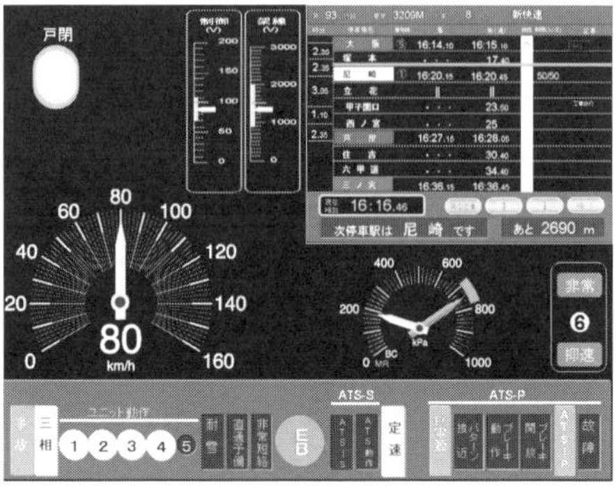

図 8.14 | 異常時縮退表示画面案

(d) 機能選択メニュー

こうした多機能な画面表示では，目的の情報に辿り着くのに選択を繰り返し，深い層にまで至る必要がないように選択メニューには十分な工夫が必要である．すなわち，選択肢が機能的に分類され直感的操作が可能なようにすべきである．

基本的には，操作対象者に応じて大きく画面モードが分類される．これは，「運転士」「車掌」「検修」用などである．この各基本モード内で，極力浅い階層内に高頻度使用画面を配置していく．最短は，メニュー画面から一発で選択できることであるが，1 メニュー内に選択肢を詰め込み過ぎても操作性を損なうことになる．

(e) ディスプレイの性能向上

ディスプレイの解像度は，運転台ディスプレイ導入当初のいわゆる VGA（640×480）から SVGA（800×600），XGA（1 024×768），さらに高精細化が進みつつある．視認性の観点からはこれ以上の高精細化はあまり意味がないともいえるが，斜め線，フォントなどのより滑らかな表示や，さらに大きな要因としてデバイスの入手性（低解像度のものが生産されなくなる）からさらに高解像度へと向かうと思われる．入手性の観点からは，縦横の分割比も問題となってくる．従来は，上記の 4:3 が大部分であったが，最近は HDTV に合わせて，16:9 のものが急速に普及しつつある．しかし，狭いスペースしか得られない運転台で，複数画面による冗長系を図る点からは横長となりすぎて設置困難となる．すなわち，16:9 のものを横に 3 台並べれば上下が狭くなる割に，左右の視点移動が大きくなりすぎ，視認性を低下させることになりかねない．

表示色も，当初のプラズマディスプレイやELによるモノクロから，RGBの組合せによるカラー8色へ，各色8ビット階調を用いた1600万色，さらにより高画質で自然な多階調へと進みつつある．

表示内容も，当初は漢字フォントROMとドットパターンの絵文字を用いたキャラクタベースのものが主体であったが，処理能力の向上と共に，文字がスケーラブルとなり，高精細な写真画像も表示可能となり，さらには監視映像などの動画も表示できるようになってきている．

表示デバイスとしては，現在カラー液晶（LCD）が主流であるが，有機ELも長寿命化，低コスト化を果たせば，動画応答性やコントラストの高い視認性のよさにより，やがては置き換わる可能性もある．

(f) タッチパネル

操作面からは画面上に操作ボタンを表示し，これをタッチすることで入力が行えるHMIを持つタッチセンサ付きディスプレイとなっている．これも当初は導電性透明抵抗膜2枚を張り合わせた抵抗膜式タッチパネルが用いられたこともあるが，反射や傷による視認性低下があり，赤外線投射方式（画面枠に赤外線送受信素子を配列し，画面上にはフィルムなどが不要）や表面弾性波方式のような視認性をまったく損なわない方式に代わりつつある．また，静電容量方式は膜方式ではあるが，抵抗膜方式よりも透過性に優れ分解能も高い．

(2) 旅客案内表示情報の配信

情報通信技術による乗客サービス向上の有力な手段に，大型高精細カラーディスプレイの設置がある．マルチメディア伝送系によりさまざまなコンテンツを配信することにより，旅客案内情報のみでなく，映像情報によるエンタテインメントも提供でき，乗客のサービス要求に応えることができるようになってきた．

一般に，案内表示はブロードキャスト，すなわち単一の発信源からの同報伝送となる．同一内容を必要な端末に配信することになる．このとき，ストリームデータであれば一定以上の帯域が必要となり，その間，伝送路を占有する．一方，こうしたデータを蓄積しておくストレージも大容量化が進み，コストも低下しつつある．

ここで，案内表示の動画コマーシャルを考えると，同一内容を繰り返し放送することになる．動画コマーシャルを最初のみ配信し，あとの繰り返しは端末側で蓄積したものを繰り返し利用すれば，伝送路の占有を避けることができる．

これを，次の 3 段階で考える（**図 8.15** 参照）．

（a）は，中央装置からの同報配信である．このとき，すべての伝送路はストリームデータを通すだけの帯域を確保しておかなければならない．

（b）は，各車端末にストレージを備えた場合である．中央から各車端末間はベストエフォートデータとして送り，各車端末内に蓄積しておく，中央装置は番組表に基づくトリガ情報のみ送れば，コンテンツデータそのものは各車端末から各表示端末に配信することができる．

（c）は，各表示器側で蓄積しておくものであり，コンテンツは各表示器までベストエフォートデータとしてあらかじめ配信しておく，中央からは，各車端末を経由して番組表に基づくトリガ情報が送られる．この場合，伝送路の制約はほとんど受けなくなるため，より効率よく伝送系を有効利用することができる．

大きな流れは中央処理部の負荷軽減のための分散処理化であり，トータルの処理の最適化が進みつつある．こうした流れにより，ストレージのコスト低下と共に，次第に（b），あるいは（c）へと移行しつつある．

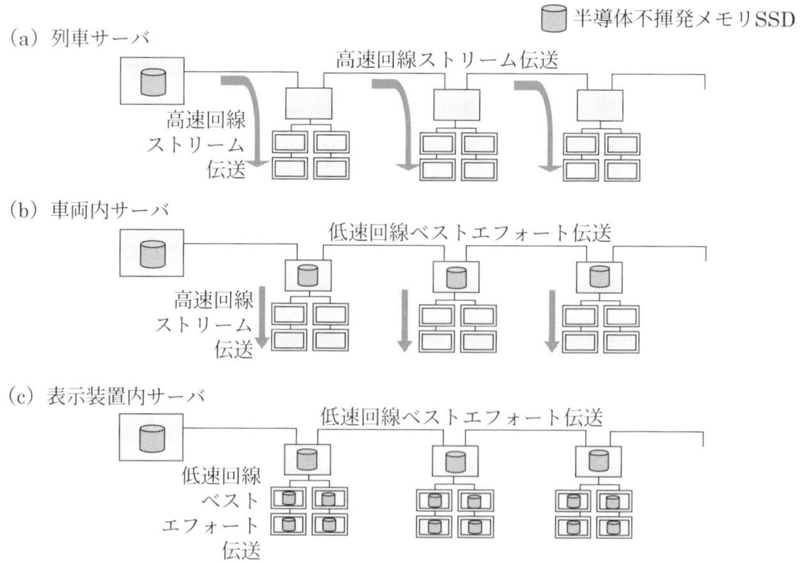

図 8.15　データ蓄積とストリーム伝送

(3) 客室，ホーム，前方映像監視記録システム

車載マルチメディア応用として近年急速に普及が進みつつあるのが，映像監視記録システムである．監視対象としては，客室内，ドア開閉操作時のドア／ホーム間の人物，運転台からの前方映像などがある．

(a) 客室内映像監視

セキュリティの面から客室内の監視映像を記録保管するシステムが普及してきている．これには，細長い客室を少数のカメラで効率的に撮影する必要がある．また，長時間にわたる映像を連続記録しておく大容量の記録媒体を備えた設備も必要となる（図 **8.16** 参照）．

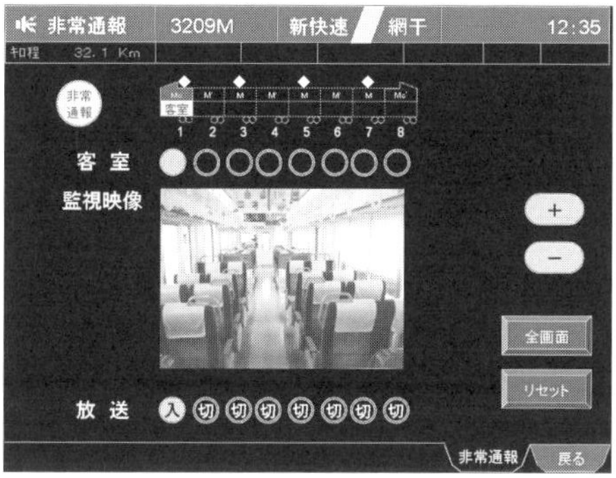

図 8.16 │ 客室内映像監視画面案

(b) 車両ドア／ホーム間人物映像監視

欧州で一般的なワンマン運転では，ドアの開閉操作は運転台にてドア／ホーム監視映像を確認しながら運転士によって行われる．このため，車側に取り付けられた監視カメラの映像を運転台ディスプレイに映し出す必要があり，マルチメディア伝送系が用いられている（図 **8.17** 参照）．

(c) 運転台前方映像監視

列車走行中の前方映像を監視記録するものである．基本的には運転支障が発生した場合の解析に用いるものであるが，最近ではリアルタイムの画像解析処理により，運転士に早期に警報を与えるものが開発されている．将来的には，自動運転時の障害検知手段として考えられているものもある（図 **8.18** 参照）．

図 8.17 ｜ドア映像監視画面案

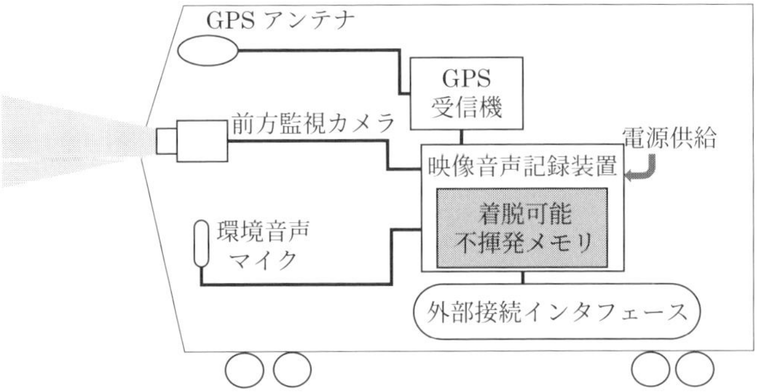

図 8.18 ｜運転台前方映像監視記録装置の構成例

第9章

地上・車上間連携への展開

これまで主に車上のシステムについて述べてきたが，情報通信技術の進展に伴って地上側のシステムとの連携が不可欠となってきている．本章では，新たな展開を見せる地上側システムとの連携方式について述べる．

9.1 地上・車上間統合システム

地上側では，個々の列車の運行を管理するばかりではなく，特にダイヤが乱れた際には，線区全体の運行を統括的に管理調整していかなければならない．また，列車運行の基盤となる線路，架線，信号設備など鉄道インフラの維持管理にも対応する必要がある．以下では，これらの効率的管理を実施するための新たな取り組み例を紹介する．

(1) 輸送指令と列車運転

列車指令からの経路，制限速度などの変更に伴う各種運転情報の通達は，従来，紙ベースの運転通告券が，主に駅経由のFAXなどにより手渡されてきていた．これは，伝達に時間がかかったり，伝達ミスなども発生しやすいものとなっている．

そこで，個別の列車と指令との間で直接データの送受信が可能となる車上・地上間データ伝送路が設備されていれば，当該列車の運転台ディスプレイなどに直接かつタイムリーに運転通告情報を表示させることができる．同時に音声による警告を発することも可能となり，見過ごしを防ぐこともできる．また，双方向伝送であるがゆえに，この通告情報に対する乗務員からの確認応答を得ることもできる．さらに，例えば特定区間の臨時速度制限情報であれば，当該区間を通過する予定の全列車に対し自動的かつ直前の警告を含む的確なタイミングにより，確実に通告を送ることができる．

これらデータはすべて送受信時刻と共に記録，保管され，万一の場合の検証にも役立つものとなる．このように運転通告券をデジタル配信することにより，より的確かつ効率的にその役割を果たすことができるようになる．

図 9.1 ①に列車と列車指令間での運転通告システムの構成例を示す．

(2) 列車と車両保守部門の連携

車両に故障が発生したとき，それが部品故障であれば当該部品を交換することで直ちに復旧させることができる場合がある．このとき，故障発生時点で直ちに検修部門に情報が通知できれば，車両交換による車庫到着以前に交換部品などの事前準備を整え，列車到着後の故障復旧時間を極力短縮することができると考えられる．これが列車の稼働率向上に直接結びつくことになる．

そのためには，まず列車モニタリング装置により故障発生状況通知と故障部位特定を行い，地上・車上間無線伝送を経由して列車指令および検修基地に当該情

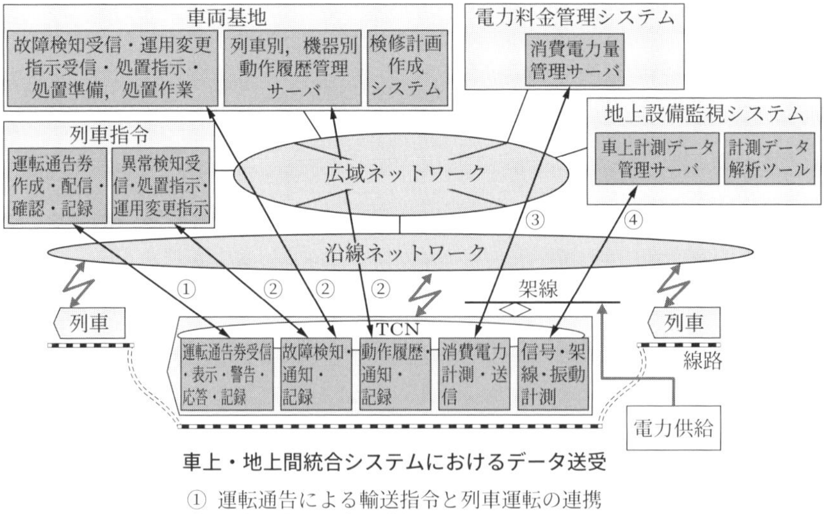

車上・地上間統合システムにおけるデータ送受

① 運転通告による輸送指令と列車運転の連携
② 列車と車両保守の連携
③ 列車単位の線区別消費電力量管理
④ 列車による信号，線路，架線監視

図 9.1 | 車上・地上間統合システムの構成例

報を伝送する．

故障状況に応じて列車指令により列車運用が決められるが，検修部門でもこれらの状況に即応した的確な対応をとることになる．また，車載機器の稼働時間，動作回数といった動作履歴を列車モニタリング装置などで常に管理しておき，定期的に地上・車上間伝送を用いて検修部門に送信すれば，個別列車の機器ごとの動作履歴に基づき的確な検修計画を立てることができる．定期検修時に動作履歴から交換あるいは改修が必要な物だけをピックアップすることができ，個別機器あるいは消耗部品ごとに対応させた効率的な検修作業を行うこともできる．

図 9.1 ②に列車と車両基地の連携システムの構成例を示す．

(3) 列車と消費電力管理

特に欧州では，それぞれの国の線路をさまざまな国の列車が走行することになる．それらの線路へ電力を供給する主体もまたさまざまであり，線路の管理区間と電力供給の区間が一致しないこともある．そこで問題となるのが，電力料金の支払いである．日本であれば，管轄内の総消費電力量を一括して鉄道事業者が電力会社に支払えばよいが，欧州では上記のように簡単にはいかない．基本的には，特定の電力供給区間を走行した列車ごとに実際に消費した電力量に従って支払いを行う必要が出てくる．特別料金を支払った乗客を多数載せた，車両重量の重い長大編成の超高速列車であれば消費電力量も多いであろうから，応分の電気料金を支払うべきであろう．

このため，列車個別に所定の精度を持つ電力測定機能を搭載し，正確な電力消費量を計測，記録するシステムの規格化が欧州で行われている．このシステムでは，各列車があらかじめ定められた電力供給区間と線路管理区分に従って，当該区間走行中の消費電力を計測し，結果を地上・車上間伝送によって地上側の電力記録管理部門に送信する．計測電力量は当然，消費電力と回生電力とは区別して送信される．地上側の電力記録管理部門では，列車の運行系統別に集計し，送電ロス分を按分して料金請求を行うことになる．この電力料金管理システムの構成例を図 9.1 ③に示す．

(4) 列車による信号，線路，架線監視

新しい車両では，車載機器に対するモニタ機能を持つことが当然のこととなっ

ているが，監視対象を地上設備にまで拡大することもできる．例えばこれは，保安装置の信号受信状態や信号種別，台車異常振動検知，パンタグラフ異常検知，架線電圧変動などの地上設備関連データと，列車の走行位置検知データとの組合せにより可能となる．

これらのデータは車上側装置には記録されているが，特定の地点あるいは一定時間ごとに地上側に送信する．地上側では，各列車から受信した全データを集約し，直ちに解析を行う．これにより，地上側設備の異常などを早期に発見することが可能となる．例えば，特定の信号機位置で多くの列車停止が頻発するといったデータの集積により，信号機異常を早期に発見できるようになる．特定の地点で異常振動が発生することがわかれば線路保守を優先的に行うなどの処置をとることもできる．この地上設備監視システムの構成例を図 9.1 ④に示す．

9.2 地上・車上間統合システムの設計

(1) 地上・車上間統合システムの設計

上記で述べたような統合トータルシステムを組織の枠を超えて取りまとめていくには非常な困難を伴う．それぞれの責任部門は異なっており，全体を見通してその中からシステムの最適解を見いだし，主体性を持って強力に実行に移せるスーパーバイザーなどというものが存在しないのが常だからである．では，現実的にこのようなトータルシステムをいかにして構築していくべきであろうか．その際，最も重要ポイントとなるのが，部門間インタフェースである．これが端的に現れるのが，地上・車上間データ伝送インタフェースにおける伝送データ構造である．

システム構築にあたり，まずは基本的に地上側，車上側のそれぞれが自身の必要性に応じて実施すべき機能を定める．その機能を実現するために相手から必要とするデータの要求を提示する．データの送り手は，相手が必要とするデータを生成し取りまとめ，責任を持って送り出す．データの受け手は自身の必要性に応じて当該機能を実現すればよい．つまり，伝送インタフェースを介してそれぞれの部門が自身の責任において最適解を求めれば，全体としても必然的に効率的な結果が得られると考えられる．

伝送インタフェースは客観的な入出力境界であり，それぞれの処理とは切り離されており，相手の処理に副作用をもたらすことはない．したがって，伝送インタフェースさえ定めれば双方が独立してシステム構築作業を進めていくことができる．連動動作試験においても，相手側の伝送プロトコルをシミュレートし，等価データを伝送インタフェースにセットするだけで実施することもできる．

以上をまとめると，それぞれの部門が必要とするデータを相手に求め，すり合わせのうえ，実現可能な伝送インタフェースを決定する．いったん，伝送インタフェースが確定すれば，双方が独立してそれぞれの最適と考える方法でシステム構築を行う．それぞれが伝送インタフェースをシミュレートした試験を行った後に初めて双方の組合せ試験を行う．

これまでの経験からすれば，伝送によるインタフェースは一般的に伝送仕様書（プロトコル，データ構造）が定型的で明確であり，仕様解釈の食い違いが入り込む余地が少なく，比較的スムーズに組合せ試験が実施できている（**図 9.2** 参照）．

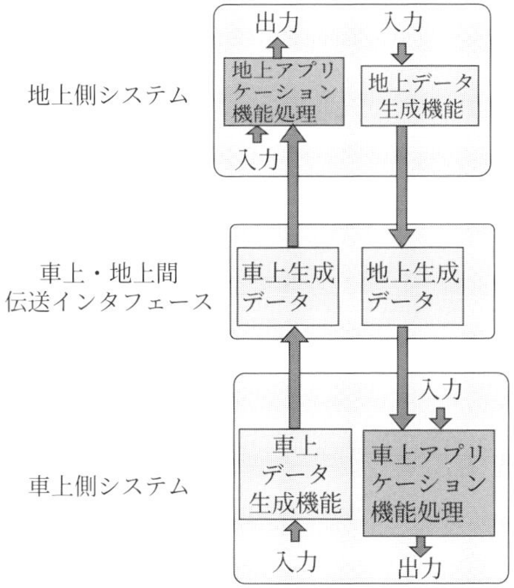

ユーザ側での必要機能の設定と必要データの要求を明確化する車上・地上間伝送インタフェース

図 9.2 ｜統合システムと伝送インタフェースによる機能分担

(2) 統合システムにおけるデータ保証

伝送システムでは，FCS により電文フレームが正常か否かの判断を行うことができる．しかし，これはあくまで伝送の送受信間だけのことである．実際には，アプリケーションが元データを作り出し，このデータが CPU，メモリ，データバス，伝送バッファなどさまざまな経路を経て送り出される．また，受信データについても同様に，さらにさまざまな経路を辿って最終消費アプリケーション部まで送り届けられる．伝送によって付けられる FCS は伝送の送受信間のみで有効であり，ほかのデータ転送区間でのエラー発生には対応することができない．そのため，必ずアプリケーションによる元データ作成時に同時に生成データの最後に CRC などの誤りチェックコードを付加しておく必要がある．そしてこのアプリケーションデータの最終消費地でコードをチェックし，正常であれば初めて採用することができるようにする．こうすることで，伝送路以外でのすべての経路においてデータエラー発生に対応することができるようになる．

これはシステムにとって非常に重要なポイントであるにもかかわらず，標準の伝送仕様の中には現れることがないため，漏らしてしまいがちである．伝送を含め装置外へのデータ転送が発生する場合には，必ずデータ作成元のアプリケーションレベルで誤りチェックコードを付加し，最終消費部位でこれをチェックするという大原則を堅持し，確実にこれがなされているかをチェックするという仕組みを持つべきである．また，少量データではあるが非常に重要な制御データについては，さらに反転連送データを付加して万全を期すといったこともごく普通に行われている．

9.3 地上・車上間データ伝送

こうした統合システムを効果的に実現するためには地上・車上間のデータ伝送手段が不可欠となる．以下では，地上・車上間無線伝送の現状と将来方向について述べる．地上・車上間無線伝送は特定の区間内のみで通信できる「拠点間無線伝送」と，走行中にどこでも連続して通信が可能な「沿線連続無線伝送」に大別することができる．

(1) 拠点間無線伝送

駅や車両基地内といった限られた範囲内での無線通信手段として拠点間無線伝送がある.

車上で蓄積した大量の記録データのまとまった読み出しや，車上の案内装置用の映像コンテンツをまとめて列車へ配信するといったものに緊急性はなく，特定の区間内のみで行えればよい．このようなあらかじめ定まったデータの一括送信には高速な伝送速度が得られる拠点間無線伝送が適している．これは終端駅や車両基地など比較的停車時間の長い箇所に地上側送受信機とアンテナを設置する．通信可能範囲は概ね数十 m 程度であり，車上アンテナがその範囲内に来れば通信を開始することができる.

拠点間通信手段としては，Wi-Fi（いわゆる無線 LAN で IEEE 802.11 シリーズを指す）やミリ波のものが用いられている．ミリ波は直進性が高く直接見通せる範囲内にアンテナを設置する必要がある．ミリ波はその名称の通り非常に高周波な帯域にあり，比較的容易に伝送帯域を確保することができることから高速伝送が実現できる．また，10 m 以内といった近距離通信用に Bluetooth も試験がなされたが，屋外環境での安定性の面から，実用化には至っていないようである.

拠点間無線伝送方式では，停止時間の長い折り返し駅や車両基地など特定の限られた箇所のみに設備すればよく，比較的低コストで効率的に地上・車上間伝送が実現できるといった利点がある.

(2) 沿線連続無線伝送

特定の拠点での無線伝送に対し，列車走行中にどこにいても通信できるのが沿線連続無線伝送である．これは大きく 2 種類に分けることができる．デジタル列車無線などの専用回線を用いるものと，携帯電話のパケット通信網などの公衆回線の利用である.

(a) 鉄道用専用回線

日本の列車無線は次の 3 種に分けられる.

① 誘導波　百 kHz 帯（100～275 kHz）

地下鉄区間内では，無線電波が吸収，反射され遠方まで安定して到達させることができない．そこで誘導無線が採用されてきた．誘導無線では，沿線に張られた誘導線に高周波電流を流し，そこからの電磁誘導によって伝送を行うものである．地下鉄区間でも新しい路線では，より安定した伝送が行える漏洩同軸ケーブル（LCX）が採用される傾向にある．

② 空間波　数百 MHz 帯（使用例，150 MHz，300 MHz，400 MHz 帯）

日本で最も一般的に用いられているものが空間波による列車無線である．鉄道事業者ごとに特定周波数が割り当てられており，占有することができる．ただし，電波の反射，吸収，マルチパスなどで不感帯が生じる場合がある．

③ LCX　数百 MHz 帯（400 MHz 帯）

新幹線で主に使われている方式で，LCX を用いたものである．トンネル内も含めた全線に線路サイド 1 m 程度の高さに LCX ケーブルが張られ，車上アンテナとはほぼ一定の距離を保てるため常に安定した連続通信が維持できる．

このうち，新幹線の LCX がすでにデジタル列車無線化されており，空間波についてもアナログ方式の老朽化に伴い同様にデジタル化が進みつつある．

列車無線デジタル化のメリットとして，音声通話において安定した音声品質の向上はもちろんであるが，何より地上・車上間のデータ伝送回線が確保されることが大きい．これにより，上記地上・車上間沿線連続無線伝送系として利用することが可能となってくる．ただし，もともとの占有帯域が狭いことからデジタル化した際のデータ伝送速度は低速のものとならざるを得ない．この限られた資源をいかに有効に活用していくかが大きな課題である．

一方，欧州では GSM-R と呼ぶ鉄道専用データ回線が確保されている．GSM は第 2 世代の携帯電話規格であるが，GSM-R（Railway）は鉄道専用回線ということで確実に帯域が確保でき，災害時や年末年始など一般の公衆回線の逼迫による影響を受けることもなく，常に安定した回線品質が期待できる．GSM-R は，ERTMS（European Rail Traffic Management System）を中心としてさまざまな鉄道アプリケーション分野で活用されており，鉄道インフラの一端を支えている．

(b) 公衆回線の利用

通信インフラを鉄道事業者自ら構築することなく利用できるのが公衆回線網である．携帯電話のパケット通信を用いることで地上・車上間のデータ伝送が実現できる．ただし，全列車に装備し，常時使用すればその通信コストは膨大なものとならざるを得ない．また，公衆回線が逼迫すれば直接その影響を受けてしまう．そのため，列車運行に影響が出るような用途には使用することができない．

① Wi-Fi による沿線連続無線伝送

IEEE 802.11 g を用いて，地上・車上間アンテナに強い指向性を持たせ，最大 600 m の信号見通し区間ごとに地上アンテナを設置し，地上・車上間の連続伝送を実現した例がある．試験路線全線において良好な結果を得たが，現在は設備の撤去が進み拠点間伝送を除き実施の目途は立っていない．

② モバイル WiMAX

移動体間との高速通信が実現できるものとして，モバイル WiMAX がある．

WiMAX は，電話（光）回線網が充実していない地域での「ラストワンマイル」（2～10 km，最大 50 km）をカバーするために開発されたもので 20 MHz の帯域をフルに使用した場合の最大伝送速度は 75 Mbps である．これに対し，モバイル WiMAX は，移動体間の通信を目的としたもので，伝送距離 1～3 km で，現在の 10 MHz の帯域を使ったものでは下り最大伝送速度は 40 Mbps である．比較的容易に高速な伝送速度が得られるが，これも公衆回線と同様の課題があり，主に旅客サービス系や保守系での利用がなされている．

③ LTE から 5G へ

第 3 世代（3G）携帯電話に対し，次の第 4 世代（4G）に移行する前に，Super 3G として 3.9G と呼ばれる世代のものから順次導入されてきた．この方式は LTE（Long Term Evolution）と呼ばれ，下り最大伝送速度 300 Mbps を

【広域通信】
・デジタル列車無線
　空間波
　LCX ケーブル
・Wi-Fi（2.45 GHz）
　指向性アンテナ　伝送距離 500 m，伝送速度 54 Mbps（IEEE 802.11g）
・WiMAX
　移動体通信　　　伝送距離 1 ～ 3 km，伝送速度 40 Mbps
・公衆回線パケット通信
　2G，3G，4G　　GSM-R，GPRS，EDGE，UMTS ⇒ LTE-R；-R 鉄道専用回線
　5G へ

【拠点間通信】
・Wi-Fi（2.45GIIz）
　無指向アンテナ　伝送距離 50 m，伝送速度 54 Mbps（IEEE 802.11g）
・SS 通信　　（2.45 GHz，256 kbps）
・ミリ波通信（60 GHz，100 Mbps）

図 9.3 ｜地上・車上間通信システム

実現している．さらには，第5世代（5G）のサービス導入が始まっており，より高速で多用途な携帯回線利用が期待される．

欧州ではLTEに対し，GSMで鉄道専用のGSM-Rを確保したのと同様に，LTE-Railwayの導入を計画してきた．LTEなどの高速通信を鉄道専用の帯域を確保して利用しようとするものである．これからの鉄道システムにとって地上・車上間伝送は不可欠のものとなりつつあり，アプリケーションの拡大と共に伝送速度もより高速なものが求められてきている．LTEやさらに進んだ5Gであれば大幅な速度向上が見込まれ，次世代の鉄道専用地上・車上間無線伝送手段として確固とした地位を築くことができるであろう（**図9.3**参照）．

第10章

車両用情報通信機器の仕様策定と国際調達

車両用情報通信機器は，CPUを用いることでさまざまな機能を実現できるようになってきた．それだけに仕様を明確にすることが必要である．また海外のみならず国内でも全世界に門戸を広げて国際調達することが求められることがある．本章では，車両用情報通信機器の仕様策定と国際調達について述べる．

10.1 車両用情報通信機器の仕様策定

車両用情報通信機器は，モニタ装置に始まり，列車内の各種情報の表示から空調装置などの制御，さらに故障診断，自動検査などさまざまな機能が盛り込まれて，高度なコンピュータシステムとなってきた．

車両用情報通信機器が，所定の機能を発揮するためには，実現すべき機能を要求事項として，設計者，製造者，試験者に正しく伝えられて，装置が作られることが必要である．例えば装置が完成して納入された後に，ユーザから入力や出力項目の追加を求められたとしよう，この場合，あらかじめ用意された装置の入出力点数に余裕がなければ，プリントボードやコネクタの追加が必要となり，装置全体の設計をやり直さなければならない事態が起こり得る．こうなると仕様，設計，部品の発注，製作，試験要領すべてが作成し直しとなることがあり得る．たいへんな手戻りであり，計画通りに物事を進めることができなくなる．装置が複雑，大規模になるほど必要十分な仕様の策定はたいへん重要になる．

装置のライフサイクルは，例えば**図10.1**に示す12フェーズに分けることができる．この中で仕様策定にかかわるのは，1. 構想，2. システム定義および適用条件，3. リスクアセスメント，4. システム要求事項，5. システム要求事項割当の五つのフェーズであり，使用者（鉄道事業者）が決定すべき事柄である．こ

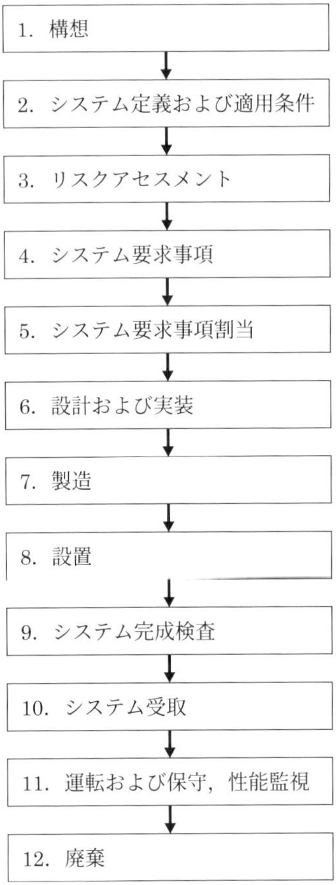

図 10.1 ｜製品のライフサイクル例

のようなフェーズに分けることは，IEC 62278（いわゆる RAMS 規格）など，多くの国際規格で同様の考え方がとられている．国内の調達では，仕様策定にあたり，このようなフェーズが明確に意識されることは少ないと思われるが，スポーツの世界と同様に欧米でなされていることが世界標準となり，いつかは日本国内の調達でもこれに合わせざるを得なくなると思われる．

第 1 フェーズ「構想」では，システムの範囲，背景および目的が検討される．モニタ装置では，システムの範囲には車両に搭載されること，各種情報の表示を行うことなど，背景には，開発経緯など，目的には，運転士が各種情報にアクセスするためなどが含まれる．

第 2 フェーズ「システム定義および適用条件」では，システムに必須の性能や機能，ほかのシステムとの境界が定義される．環境条件や運用するための保守などの条件も含まれる．当然ではあるが，装置が適用条件から外れて運用された場合，性能や機能は保証されない．

第 3 フェーズ「リスクアセスメント」では，第 2 フェーズで定めた事柄に基づいて，ハザードを洗い出し，そのリスクを分析して，必要により，リスクが許容範囲となるように対策がとられる．これらはハザードログとしてまとめられる．システムでとられた対策は，次のフェーズの要求事項に取り入れられる．モニタ装置のハザードとしては，電源断，センサなどからの信号の断，送受信不良などがある．

第 4 フェーズ「システム要求事項」では，システム全体の要求事項を網羅・特定する．要求事項には，性能に関するものと機能に関するものがある．また要求事項を満たすための完成検査・受取基準を定める．

第 5 フェーズ「システム要求事項の割当」では，システムがサブシステムに分けられる場合，サブシステムに対して，要求事項と要求事項を満たすための受取基準を割り当てる．

以上により，対象とする装置に対する要求事項が網羅されて，まとめられる．これが仕様となる．

10.2 国際調達

日本の主要な鉄道は民営であるが，この状況は世界の中では特殊である．米国などの貨物鉄道を除くと，世界のほとんどの鉄道は政府や地方政府が支えている．このため世界の多くの鉄道に関する調達は，政府調達協定に基づく公開競争のもとでなされる．日本国内で政府調達協定に基づく調達が義務化されているのは，公営鉄道や政府などの資金が投入されている東京メトロ，JR 貨物などである．一定金額以上の調達は，まず官報に掲載して，世界中から応札できるようにしなければならない．入札の方式は公開競争入札などによる．また仕様は国際規格が存在するときは当該国際規格を用いることなどが求められる．

国際調達に基づく場合，国内の慣行はまったく通用しない．公開競争入札ということは，基本的に最も低い価額で応札したメーカーが選定されるということである．仕様に書いてないことは反映されない．例えば信頼性について仕様なり，契約書に何も記述がなければ，鉄道事業者が受け取った後に故障しても，納入メーカーにはその故障に対処する義務はない．メーカーは契約を獲得するために，仕様や契約書に定められたことだけを満たす，最も低いコストの価格を提示することを目指すことになる．このような状況であるので，海外では契約後にメーカーが契約通りに納入できなかったりする事例は後を絶たない．この場合，契約の中でメーカーに多額のペナルティーが課せられることも多い．また鉄道事業者は調達の遅れから，当初計画した輸送サービスができない．最近の代表的な事例では，トロント市の路面電車の調達がある．

国内で国際調達を行う場合，調達後のトラブルを避けるためには，調達する製品のライフサイクルの全般にわたり，契約相手に求める可能性のあることを網羅して書き出し，仕様書なり契約書に記載することが必要である．このためには仕様策定に記述したような検討を鉄道事業者の中で行っておくことが必要と思われる．

おわりに

本書は日本国内において初めての鉄道車両用情報通信機器の解説書として企画された.

1980 年代から，鉄道車両にモニタ装置が搭載されるようになり，その後さまざまな機能が付加されて今日に至っている．半導体の鉄道車両への応用と同じように，当初から世界に先駆け，日本において高度に発達してきた技術である.

1999 年に IEC 61375-1 が国際規格として発行されるに至り，欧州を中心に海外で普及した．この規格の方式は国内メーカーの実用化してきた製品とは互換性がないことから，世界の市場で日本メーカーが不利となっていた.

日本は 2000 年代半ばからイーサネットを用いる方式を提案し続けてきた. IEC 61375-1 の通信方式が鉄道独自のものであったこともあり，欧州メーカーも 2008 年ごろから規格化に前向きになり，日本主導で 2014 年にイーサネットを用いた規格 IEC 61375-3-4 が発行された．これが世界で広く使用されるようになってきている.

今や車両や列車の制御が CPU と通信抜きに語れなくなってきている.

本書の執筆者のほとんどは，上記の車両用情報通信機器の開発に直接かかわり，山あり谷ありの製品化と標準化の歴史を作り上げてきた人々である.

このような中で，本書は国内において初めての車両用情報通信機器の解説書として執筆された．執筆者一同，本書がこの分野の入門書としてお役に立つことを切に願う.

文 献 一 覧

引用文献

■ **4.1 節**

(1) 鎌田恵一，佐藤雅樹，鴨雄史：“TEBusの適用で高機能化が進む車両制御情報システム”，東芝レビュー，Vol. 64，No. 9，pp. 31-34（2009）

■ **6.1 節**

(1) IEC 61375-3-4: 2014：Electronic railway equipment — Train Communication Network（TCN）— Part 3-4: Ethernet Consist Network（ECN), Annex A, pp. 46-56, Annex B, pp. 57-59, Annex D, pp. 68-119

(2) IEC 61375-2-3: 2014：Electronic railway equipment — Train Communication Network（TCN）— Part 2-3: TCN communication profile, Annex B, pp. 162-184

参考文献

■全体

(1) 鉄道車両における情報技術調査専門委員会：「鉄道車両とIT」，電気学会技術報告，第886号（2002）

(2) 鉄道車両における情報処理調査専門委員会：「鉄道車両における情報処理」，電気学会技術報告，（II部）第436号（1992）

■ **3.1 節**

(1) 宮崎誠一：マイクロコンピュータ・データ伝送の基礎と実際—RS-232C/ハイレベル手順/距離を延ばす技術（I/F BOOKS)，CQ出版社（1984）

■ **3.2 節**

(1) JIS X 5001（1982）伝送回線上のキャラクタ構成と水平パリティの用法

(2) JIS X 5002（1975）基本形データ伝送制御手順

(3) ISO/IEC 13239:2002 Information technology — Telecommunications and information exchange between systems — High-level data link control（HDLC）procedures

(4) IEC 61375-3-3:2012 Electronic railway equipment — Train communication network（TCN）— Part 3-3: CANopen Consist Network（CCN）

■ **3.3 節**

(1) JIS X 5003（1987）開放型システム間相互接続の基本参照モデル

(2) ISO/IEC 7498-1: 1994 Information technology — Open Systems Interconnection — Basic Reference Model: The Basic Model

(3) IEEE 802.3-2002, IEEE Standard for Information technology — Telecommu-

nications and information exchange between systems — Local and metropolitan area networks — Specific requirements — Part 3: Carrier sense multiple access with collision detection（CSMA/CD）access method and physical layer specifications

■ **4.3 節**

(1) 佐々木君章：「鉄道車両の状態監視保全技術と診断技術」，鉄道総研講演会要旨集，Vol. 26，pp. 25-31（2013）

(2) 古谷了・樫山昌樹・小西健太：「乗り心地モニタリングシステムの開発」，サイバネティクス，Vol. 24，No. 4 pp. 8-12（2019）

■ **5.1 節**

(1) ISO/IEC 専門業務用指針（ISO/IEC Directives）

■ **6.4 節**

(1) 島田直人・原津裕之・島田信幸・鎌田恵一・指田吉雄・村西文明・鈴木誠也：「227 系用デジタル伝送システムの開発―100 Mbps イーサネット伝送を用いた車両情報制御システム―」，第 51 回鉄道サイバネ・シンポジウム論文集，論文番号 518（2014）

出典一覧

本書は基本的にすべて書き下ろしであるが，以下の各章において記述の元とした記事を出典として記載する．

■ **2.5 節（コラム）**

(1) 新井静男・松崎弘二・本間英寿・間瀬浩之・宮内隆史：「列車情報管理装置（TIMS）の開発：209-950 代への適用」，平成 10 年電気学会応用部門全国大会（1998）

■ **第 3 章～第 9 章**

(1) 落合統：「列車内制御伝送技術と国際規格」，レールアンドテック出版「鉄道車両と技術」，No. 156-163

(2) 落合統：「列車情報伝送系国際規格の最新動向」，レールアンドテック出版「鉄道車両と技術」，No. 184-186

(3) 落合統：「ECN（Ethernet Consist Network）によるシステム構成技術」，レールアンドテック出版「鉄道車両と技術」，No. 192-194

(4) 落合統：「車上運転情報記録装置の技術動向」，レールアンドテック出版「鉄道車両と技術」，No. 196

(5) 落合統：「国際規格に見る列車制御情報の基本理論」，レールアンドテック出版「鉄道車両と技術」，No. 238-239

■ **4.4 節**

(1) 落合統：「ATO の走行制御技術」，レールアンドテック出版「鉄道車両と技術」，No. 177-181

■ **第 8 章**

(1) 落合統：「列車の位置，速度，加速度検知技術の動向」，レールアンドテック出版「鉄道車両と技術」，No. 208

索　　引

サ行

タ行

ナ行

ハ行

マ行

- 本書の内容に関する質問は，オーム社ホームページの「サポート」から，「お問合せ」の「書籍に関するお問合せ」をご参照いただくか，または書状にてオーム社編集局宛にお願いします．お受けできる質問は本書で紹介した内容に限らせていただきます．なお，電話での質問にはお答えできませんので，あらかじめご了承ください．
- 万一，落丁・乱丁の場合は，送料当社負担でお取替えいたします．当社販売課宛にお送りください．
- 本書の一部の複写複製を希望される場合は，本書扉裏を参照してください．

鉄道車両の情報通信技術入門
—車両制御情報システムと国際規格—

2022年9月25日　　第1版第1刷発行

編　者　電気学会・鉄道車両のICTに関する調査専門委員会
発行者　村上和夫
発行所　株式会社 オーム社
郵便番号　101-8460
東京都千代田区神田錦町3-1
電話　03(3233)0641(代表)
URL　https://www.ohmsha.co.jp/

印刷・製本　三美印刷
ISBN978-4-274-22913-8　Printed in Japan